津冀滨海湿地1980—2020年碳储量演变特征及其驱动因素分析

王丽平　主编

内 容 简 介

本书基于津冀沿海区（县）1980—2020 年的中国多时期土地利用遥感监测数据（分辨率为 30 m），采用广泛应用的生态系统服务和权衡综合评估模型——InVEST 模型（Integrated Valuation of Ecosystem Services and Trade-offs）对津冀滨海湿地近 40 年的碳储量演变特征进行评估，并开展土地利用变化及其与海岸线变迁的动态关系、土地利用与生境质量等对碳储量的影响研究。本书的特色在于以我国重要的经济发展战略区之一的津冀沿海区（县）为对象，综合分析津冀滨海湿地碳储量、土地利用变化、生境质量变化的相关性，为促进美丽海湾的生态系统保护和海岸带蓝碳可持续发展提供技术支撑。

本书可作为高等院校环境科学、环境工程专业教材使用，也可以供相关专业的科技人员研究参考。

图书在版编目（CIP）数据

津冀滨海湿地1980—2020年碳储量演变特征及其驱动因素分析 / 王丽平主编. -- 北京 ：气象出版社，2023.11
ISBN 978-7-5029-8116-7

Ⅰ．①津… Ⅱ．①王… Ⅲ．①海滨－沼泽化地－碳－储量－研究－华北地区 Ⅳ．①P942.207.8

中国国家版本馆CIP数据核字（2023）第251948号

津冀滨海湿地 1980—2020 年碳储量演变特征及其驱动因素分析
Jinji Binhai Shidi 1980—2020 Nian Tanchuliang Yanbian Tezheng Jiqi Qudong Yinsu Fenxi

出版发行：气象出版社				
地　　址：北京市海淀区中关村南大街46号		邮政编码：100081		
电　　话：010-68407112（总编室）		010-68408042（发行部）		
网　　址：http://www.qxcbs.com		E - mail：qxcbs@cma.gov.cn		
责任编辑：王元庆　彭淑凡		终　　审：张　斌		
责任校对：张硕杰		责任技编：赵相宁		
封面设计：艺点设计				
印　　刷：北京建宏印刷有限公司				
开　　本：710 mm×1000 mm　1/16		印　　张：7.25		
字　　数：140 千字				
版　　次：2023 年 11 月第 1 版		印　　次：2023 年 11 月第 1 次印刷		
定　　价：60.00 元				

本书如存在文字不清、漏印以及缺页、倒页、脱页等，请与本社发行部联系调换。

本书编委会

主　编：王丽平

副主编：刘瑞志

编　委：（以姓氏笔画为序）

王丽平　刘任红　刘瑞志　齐　童　李子成

李雯雯　谷　秀　张宇轩　陈　唯　孟庆佳

赵　翔　徐秀丽　蔡雅静

前言

实现"碳达峰、碳中和"目标,减排和增汇协同推进已成为必然选择。蓝碳是海洋自然系统减缓气候变化的主要途径,是指"易于管理的海洋系统所有生物驱动碳通量及存量",其中红树林、海草床、滨海盐沼(即盐碱沼泽地,后同)和大型海藻是易于通过人类活动增加碳汇的四类主要海岸带蓝碳生态系统,固碳能力远高于陆地绿碳。发展蓝碳已成为实现《联合国气候变化框架公约》《保护生物多样性公约》《拉姆萨尔公约》和《可持续发展目标》等多项国际公约宗旨和目标的重要途径。

我国在蓝碳方面的研究和应用尽管起步较晚,但也进行了大量的努力和尝试。近几年,我国政府及相关部门认识到蓝碳在增加碳汇、缓解气候变化影响方面的重要作用,在《中共中央 国务院关于加快推进生态文明建设的意见》《"十三五"控制温室气体排放工作方案》《全国海洋主体功能区划》《"十四五"海洋生态环境保护规划》等多份重要文件中都对发展蓝碳作出了部署。"发展蓝色碳汇"内容也已两次纳入《中华人民共和国气候变化第一次两年更新报告》,关于蓝碳的研究也越来越受到重视。据不完全统计,近年来,科学技术部、自然资源部、生态环境部、中国科学院、国家自然科学基金委等都安排了涉及蓝碳的科研项目,并获得了一批较高水平的科研成果。国家实施的"南红北柳""蓝色海湾"等工程和"一带一路"倡议,为推动蓝碳发展积累了丰富的实践经验。但目前我国海岸带蓝碳的维护和发展仍面临诸多挑战,与澳大利亚、美国和欧盟国家相比,我国蓝碳基础数据相对匮乏,同时因沿海经济的快速发展,导致蓝碳生态系统碳汇能力下降甚至存在由"碳汇"变成"碳源"的潜在风险。

津冀地区位于中国华北、东北以及华东的接合地带,作为重要枢纽将三者连接起来,也是中国环渤海地区的核心,该地区人口和经济呈快速且持续发展态势,城市群滨海湿地处于受人类活动影响明显区域。自改革开放以来津冀沿海发生了翻天覆地的变化,目前分布有秦皇岛港、京唐港、曹妃甸港、天津港、黄骅港等重要港口和天津滨海新区、河北曹妃甸新区、渤海新区、北戴河开发区4个沿海经济开发区。在填海造陆、港口建设等人类活动影响下,津冀沿海区县土地利用变化显著,滨海湿地及其生境质量受到巨大影响,综合评估津冀滨海湿地碳储量的历史演变特征及其主要驱动因素,对于发展和维持津冀海岸带蓝碳具有重要意义。

本书共分8章,第1章阐述了国际国内发展概况及我国海岸带碳汇维持与发展面临的主要威胁;第2章总结了目前开展滨海湿地碳储量评估的常用方法;第3章基于土地利用数据和碳密度数据,采用InVEST模型对津冀滨海湿地1980—2020年这

40年碳储量进行了评估;第4章具体分析了津冀滨海湿地1980—2020年土地利用的演变特征;第5章详细分析了津冀1980—2020年的海岸线演变特征;第6章采用模型方法评估了津冀滨海湿地1980—2020年生境质量状况;第7章详细分析了津冀土地利用变化对碳储量的影响;第8章详细分析了津冀滨海湿地生境质量对碳储量的影响。

由于编写时间和编者水平有限,本书难免存在疏漏之处,敬请同行专家和读者批评指正。

编者
2023年11月

目录

前言
第1章 绪论 ········· 1
  1.1 国际发展概况 ········· 3
  1.2 国内发展概况 ········· 4
  1.3 我国海岸带碳汇维持与发展面临的主要威胁 ········· 5
  1.4 研究区概况 ········· 5

第2章 滨海湿地碳储量评估方法研究概况 ········· 9
  2.1 沉积物碳累积与植被净初级生产力结合法 ········· 11
  2.2 碳通量监测法 ········· 11
  2.3 遥感反演技术 ········· 12
  2.4 模型模拟 ········· 13

第3章 津冀滨海湿地1980—2020年碳储量演变特征 ········· 15
  3.1 InVEST模型 ········· 17
  3.2 土地利用数据 ········· 18
  3.3 碳密度数据 ········· 20
  3.4 碳储量演变特征 ········· 21
  3.5 碳储量水平评估 ········· 23
  3.6 小结 ········· 30

第4章 津冀滨海湿地1980—2020年土地利用演变特征 ········· 31
  4.1 数据来源 ········· 33
  4.2 土地利用时空变化特征 ········· 33
  4.3 近40年土地利用演变特征 ········· 44

第5章 津冀1980—2020年海岸线演变特征 ········· 49
  5.1 研究方法 ········· 51
  5.2 结果与分析 ········· 51

第 6 章　津冀滨海湿地 1980—2020 年生境质量评估 …………………………… 67
　　6.1　研究方法 ……………………………………………………………………… 69
　　6.2　生态威胁数据来源 …………………………………………………………… 70
　　6.3　结果与分析 …………………………………………………………………… 71

第 7 章　土地利用变化对碳储量的影响 …………………………………………… 81
　　7.1　研究方法 ……………………………………………………………………… 83
　　7.2　不同时期土地利用变化与碳储量变化 ……………………………………… 83
　　7.3　1980—2020 年滨海湿地土地利用与碳储量的变化 ………………………… 90
　　7.4　小结 …………………………………………………………………………… 91

第 8 章　生境质量对碳储量的影响 ………………………………………………… 93
　　8.1　研究方法 ……………………………………………………………………… 95
　　8.2　生态环境质量对碳储量的影响 ……………………………………………… 95
　　8.3　小结 …………………………………………………………………………… 102

参考文献 ……………………………………………………………………………… 103

第 1 章

绪 论

海洋储存了地球上约93%的二氧化碳,据估算为40万亿t,是地球上最大的碳汇体,并且每年清除30%以上排放到大气中的二氧化碳。海岸带植物生物量虽然只有陆地植物生物量的0.05%,但每年的固碳量却与陆地植物相当。在时间尺度上,与碳在陆地生态系统可储存数十年相比,埋藏在滨海湿地土壤中的有机碳和溶解在海水里的惰性无机碳可储存千年之久。

我国属于碳排放大国,距离碳中和目标实现时间短、任务重,减排和增汇同时进行已成为我国的必然选择。蓝碳是海洋自然系统减缓气候变化的主要途径,是指"易于管理的海洋系统所有生物驱动碳通量及存量",其中红树林、海草床、滨海盐沼和大型海藻是四类主要海岸带蓝碳生态系统。发展蓝碳已成为实现《联合国气候变化框架公约》《保护生物多样性公约》《拉姆萨尔公约》和《可持续发展目标》等多项国际公约宗旨和目标的重要途径。近年来,《联合国气候变化框架公约》明确倡导各缔约国应将海洋碳汇纳入国家温室气体清单和核算框架。

1.1　国际发展概况

早在1960年,联合国教科文组织政府间海洋学委员会(IOC-UNESCO)就提出了探索海洋碳循环科学,发起国际海洋碳合作研究计划。1992年,联合国环境与发展会议(UNCED)《二十一世纪议程》(Agenda 21)第17章中指出:应分析、评估和有系统地观测海洋作为碳汇的作用。2009年,联合国环境规划署(UNEP)、联合国粮农组织(UNFAO)以及(IOC-UNESCO)联合发布了《蓝碳:健康海洋对碳的固定作用——快速反应评估报告》(Nellemann et al.,2009),该报告中蓝碳被定义为海洋和近海生态系统通过光合作用捕获和储存的有机碳,并指出蓝碳在捕获生物碳中的重要作用。2010年国际保育组织(CI)、世界自然保护联盟(IUCN)以及(IOC-UNESCO)联合发起"蓝碳倡议",下设政策工作组和科学工作组,旨在通过修复与可持续利用海岸带和海洋生态系统来减缓气候变化。2011年政策工作组发布《蓝碳政策纲要》,2012年又发布了《蓝碳政策纲要2.0版》,2014年科学工作组编写了《海岸带蓝碳:红树林、潮汐盐沼、海草草甸碳储存及排放因素的评估方法手册》,并于2018年6月进行了更新。同时,在2011年《联合国气候变化框架公约》京都议定书创设的清洁发展机制(CDMs)将退化的红树林生境再造纳入其中,并于2011年、2012年、2013年连续三年发布了《大尺度方法:退化红树林生境的造林和再造林》标准1.0、2.0与3.0版;2013年,《2006年国家温室气体排放清单的2013年增补:湿地》单列了滨海湿地这一重要类型,包括红树林、潮汐沼泽和海草草甸在内。这些重大突破,意味着长久以来被忽视或低估的蓝碳被纳入了全球碳循环估算之中。2019年9月,联合国政府间气候变化专门委员会(IPCC)发布了《气候变化中的海洋与冰冻圈特别报告》,指出蓝碳是海洋自然系统减缓气候变化的主要途径,将蓝碳重新定义为"易于管理的海洋系统所有生物驱动碳通量及存量",并将红树林、海草床、滨海盐沼和大型海藻列为四类海岸带蓝碳。其中"易于管理"可以理解为容易施加人为影响或者"管理",而红树林、滨海盐沼和海草床三类海岸带蓝碳生态系统是相对易于管理的自然系统,具有能够通过人类活动或生态恢复/修复等措施发挥其固碳的最大潜力。

1.2 国内发展概况

2011年,我国召开的香山科学会议明确指出了我国近海生态系统生物碳汇特征及其扩增的科学途径是一个值得重点研究的重要科学议题。2012年,中国科学技术部社会发展科技司与中国21世纪议程管理中心联合编制了"中国碳捕集、利用与封存(CCUS)技术发展路线图"。2013年国家海洋局发布的《国家海洋事业发展"十二五"规划》中提出,要保护与修复海洋生态系统,研究二氧化碳海底封存技术。2014年,在第39次中国科学院学部科学与技术前沿论坛暨海洋科技发展战略研讨会上,"中国未来海洋联盟"成立,正式推出"中国蓝碳计划"。2015年,我国政府在中美两国签署的《中美气候协议》中提出于2017年启动碳排放交易体系,在《中共中央 国务院关于加快推进生态文明建设的意见》中提出要通过增加海洋碳汇等手段,积极应对气候变化,标志着蓝碳保护正式被纳入我国国家战略;同时,在党中央、国务院印发的《生态文明体制改革总体方案》中也明确提出:作为海洋大国,要建立海洋碳汇的有效机制、拓展蓝色经济空间。2016年4月签署的《巴黎协议》于2016年11月4日正式生效,之后我国政府郑重承诺:中国CO_2排放量于2030年到达峰值,届时单位GDP CO_2排放量将比2005年下降60%～65%。

2016年,国务院发布的《"十三五"控制温室气体排放工作方案》中提出,探索开展海洋等生态系统碳汇试点。2017年以蓝碳合作为重点,提出发起的"21世纪海上丝绸之路沿线国家蓝碳合作计划"的倡议(张偲 等,2018),得到了沿线国家的积极响应;同年,我国政府向《联合国气候变化框架公约》秘书处提交的《中国气候变化第一次两年更新报告》,首次列举了我国为应对气候变化在发展蓝色碳汇方面所做的工作,并将蓝色碳汇调查评估技术体系、蓝色碳汇贮藏能力提升技术体系、海洋二氧化碳海底封存技术3项技术需求列入中国减缓技术需求清单(焦念志 等,2015);2017年8月,中央全面深化改革领导小组审议通过了《关于完善主体功能区战略和制度的若干意见》,提出"探索建立蓝碳标准体系及交易机制"。

2020年9月,中国正式宣布力争2030年前二氧化碳排放达到峰值,争取2060年前实现碳中和。2020年12月中央经济工作会议将"做好碳达峰、碳中和工作"作为未来一段时间的重点任务之一,并要求抓紧制定2030年前碳排放达峰行动方案。中华人民共和国生态环境部于2022年发布的《"十四五"全国海洋生态环境保护规划》中明确提出"加强协同增效,提高海洋应对气候变化能力"。

1.3 我国海岸带碳汇维持与发展面临的主要威胁

滨海湿地(Coastal wetland)是指陆地生态系统和海洋生态系统的交错过渡地带。按国际湿地公约的定义,滨海湿地的下限为海平面以下 6 m 处(习惯上常把下限定在大型海藻的生长区外缘),上限为大潮线之上与内河流域相连的淡水或半咸水湖沼以及海水上溯未能抵达的入海河的河段。与此相当的用语有海滨湿地、海岸带湿地或沿海湿地等。中国滨海湿地总面积 594 km²,主要分布于沿海省(区)和港澳台地区。其中盐沼湿地(Salt marsh)是我国最普遍的湿地类型之一,具有很高的生产力和丰富的生物多样性,是目前国际上公认的具有最强碳汇作用的生态系统之一(Hopkinson et al.,2012;Pendleton et al.,2012;Duarte et al.,2013;Brannon,2016;Kroeger et al.,2017;Alongi D M,2018)。近年来,中国科学家利用沉积物碳埋藏法估算中国滨海湿地生态系统年碳汇规模,结果均表明中国滨海湿地生态系统是重要的碳汇,具有较大的沉积物碳埋藏量,但是不同研究的估算结果存在一定的差异。在盐沼湿地、海草床、红树林三个滨海蓝碳湿地生态系统类型中,滨海盐沼碳埋藏量最大,占滨海蓝碳湿地碳埋藏总量的 76%~91%,其次是红树林生态系统,海草床生态系统沉积物碳埋藏量最低,占比仅为 2%~5%(仝川 等,2023)。

我国蓝碳发展的自然条件得天独厚,拥有约 300 万 km² 的主张管辖海域和 1.8 万 km 的大陆海岸线,是世界上少数几个同时拥有盐沼湿地、海草床、红树林这三大蓝碳生态系统的国家之一,为蓝碳发展提供了广阔空间。但近几十年来,人口迅速增长和经济快速发展对工农业用地的需求使全球海岸带地区的土地利用发生着剧烈的变化(牛振国 等,2012;Murray et al.,2014),据统计,目前全球滨海湿地生态系统的消失速度是热带雨林消失速度的 5~10 倍。我国滨海湿地面积相比 1975 年减少了约 28.7%。而滨海湿地由于其特殊的自然环境有很强的固碳能力,以小面积高固碳率成为降低全球温室效应的重要生态系统(Mcleod et al.,2011;Duarte et al.,2013)。

近年来,外向型经济和海洋经济快速发展,海岸资源的利用范围和规模迅速扩大。津冀沿海作为重要的产业承接区,人类开发强度大,极大地改变了原来的地表环境。海岸带是海洋经济发展的主要载体,大规模的围填海,导致城市不断扩张、湿地大量退化、滩面变窄、自然岸线人工化。海岸带碳汇生态系统持续恶化的状况如果不能得到有效的解决和修复,生态系统的灾难性破坏将不可逆转,必将带来不可估量的永久性损失。

1.4 研究区概况

津冀地区位于中国华北、东北以及华东的接合地带,作为重要枢纽将三者连接起来,也是中国环渤海地区的核心。津冀海岸带包括秦皇岛、唐山、天津滨海新区、黄骅沿海陆地部分和浅海区,分布有秦皇岛港、京唐港、曹妃甸港、天津港、黄骅港等重要港口和天津滨海新区、河北曹妃甸新区、渤海新区、北戴河开发区4个沿海经济开发区,是京津冀和环渤海地区重要的出海口和华北地区连接东南亚、东北亚重要的海上通道,也是京津冀协同发展产业转移重要的承接区——东部滨海发展区。

本书以津冀沿海区县为研究区域,见图1-1。沿海区(县)共15个,包括秦皇岛市的山海关区、海港区、北戴河区、抚宁县、昌黎县;唐山市的乐亭县、滦南县、曹妃甸区、丰南区;天津市的滨海新区、宁河县、东丽区、津南区;以及沧州市的黄骅市、海兴县。研究区位于116°83′—119°53′E,38°30′—39°89′N,为暖温带半湿润半干旱季风性气候,四季分明,春秋干旱多风,夏季高温多雨,冬季寒冷干燥。降水主要集中在每年7

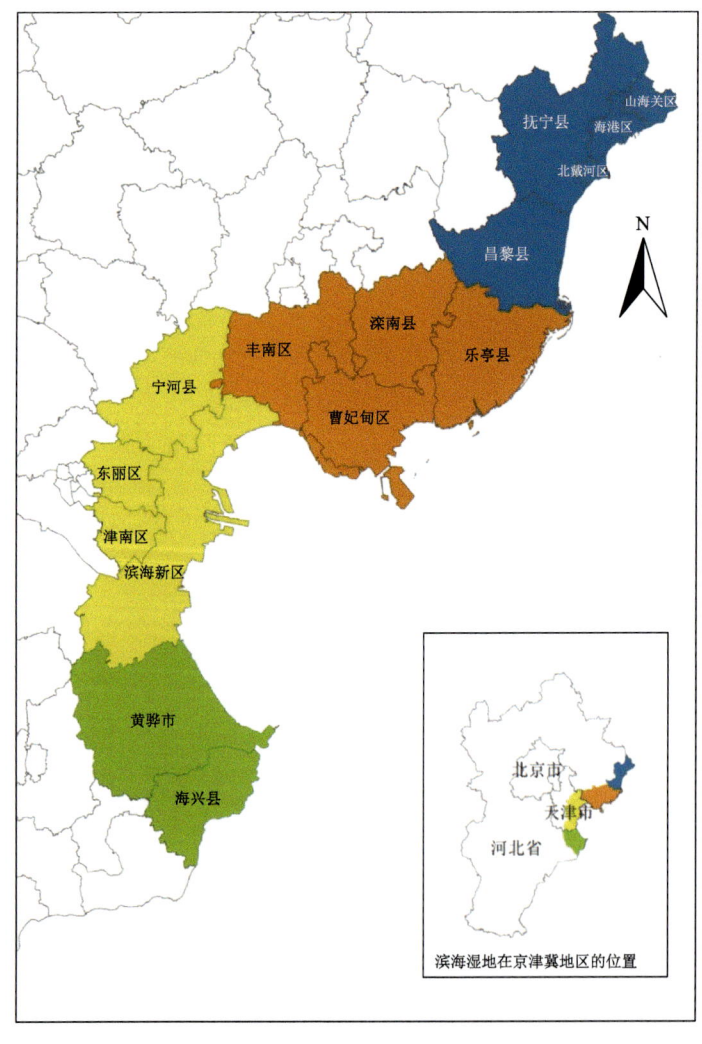

图1-1 研究区位置图

月、8月。

  湿地作为生态系统中不可或缺的一部分,在净化环境、气候调节等功能中发挥着重要的作用。研究区内湿地资源丰富,类型多样,既有以沼泽和沼泽化草甸为代表的天然湿地,也有养殖池等人工湿地。主要湿地植物群落有芦苇群落、芦苇-盐地碱蓬群落、香蒲群落等。由于丰富多样的湿地环境,使得研究区沿岸成为东亚-澳大利亚候鸟迁飞路线上的重要栖息地,候鸟以红腹滨鹬、黑翅长脚鹬、斑尾塍鹬等鸻鹬类水鸟为主,为它们提供食物和停歇地(陈克林 等,2019)。

第 2 章

滨海湿地碳储量评估方法研究概况

第 2 章 滨海湿地碳储量评估方法研究概况

碳储量即碳的储备量,通常指一个碳库(森林、海洋、土地等)中碳的数量。碳密度即为单位面积的碳储量。湿地生态系统的碳储量主要由植被、土壤两部分碳储量组成。

目前开展滨海湿地碳储量评估常用的方法包括沉积物碳累积与植被净初级生产力结合法、碳通量监测法、遥感反演技术和模型模拟等四种方法。

2.1 沉积物碳累积与植被净初级生产力结合法

该方法是通过现场采集沉积物和植被样品,测定有机碳含量,并基于沉积物容重、沉积速率、湿地面积等特征核算沉积物碳储量,同时基于植被净初级生产力、植被平均含碳比率、植被面积等特征核算植被碳储量,最终获得盐沼湿地总碳储量的方法。目前我国已出台的海洋碳汇核算技术标准,均采用沉积物碳累积与植被净初级生产力结合法。如中华人民共和国自然资源部于 2022 年发布,2023 年 1 月实施的《海洋碳汇核算方法》,将海洋碳汇定义为红树林、盐沼、海草床、浮游植物、大型藻类、贝类等从空气或海水中吸收并储存大气中二氧化碳的过程、活动和机制,并分别给出了碳汇核算方法,以盐沼为例。

(1)盐沼碳汇总能力

盐沼碳汇总能力 $C_{\text{saltmarsh}}$ 按以下公式计算:

$$C_{\text{saltmarsh}} = C_{\text{ss}} + C_{\text{sp}}$$

式中: C_{ss}——盐沼沉积物碳汇能力,单位为克每年(g/a); C_{sp}——盐沼植物碳汇能力,单位为克每年(g/a)。

(2)盐沼沉积物碳汇能力

盐沼沉积物碳汇能力计算公式为

$$C_{\text{ss}} = \rho_{\text{saltmarsh}} \times S_{\text{saltmarsh}} \times R_{\text{saltmarsh}} \times A_{\text{saltmarsh}}$$

式中: $\rho_{\text{saltmarsh}}$——盐沼沉积物容重,单位为克每立方厘米(g/cm³); $S_{\text{saltmarsh}}$——盐沼沉积物有机碳含量,单位为毫克每克(mg/g); $R_{\text{saltmarsh}}$——盐沼沉积物沉积速率,单位为毫米每年(mm/a); $A_{\text{saltmarsh}}$——盐沼面积,单位为平方米(m²)。

(3)盐沼植物碳汇能力

盐沼植物碳汇能力计算公式为

$$C_{\text{sp}} = \sum (A_{\text{isp}} \times P_{\text{isp}} \times CF_{\text{isp}})$$

式中: A_{isp}——第 i 个站位盐沼面积,单位为平方米(m²); P_{isp}——第 i 个站位盐沼植物年净初级生产力,单位为克每年每平方米[g/(m²·a)]; CF_{isp}——第 i 个站位盐沼植物平均含碳比率,无量纲。

2.2 碳通量监测法

该方法主要通过测量近地层湍流状态和被测气体浓度,来计算生态系统与大气间的二氧化碳、水汽和能量通量,具体包括涡度协方差法、空气动力学法、能量平衡法、质量平衡法、涡度积累法、条件采样法以及对流边界层收支法等。目前涡度协方差法成为大尺度生态系统与大气中二氧化碳通量观测的主流方法,其测量值可作为生态系统净碳汇能力。其测量包括涡度相关监测系统、全自动微气象监测系统两部分。

涡动相关系统是一种微气象学的测量方法,采用涡度相关原理,利用快速响应的传感器来测量大气下垫面的物质交换和能量交换,它是一种直接测定通量的标准方法,已成为近年来测定生态系统碳、水交换通量的关键技术,得到了越来越广泛的应用,并逐渐成为国际通量观测网络的主要技术。国内诸多学者开展了基于涡度相关法的陆地生态系统碳通量研究,主要集中于森林(李瀚之,2018;龚元 等,2020;张凯迪,2019;徐亚彬 等,2012;王倩 等,2019)、草地(孙思思 等,2020;陈银萍 等,2019;李晓琳,2015;吴方涛 等,2018)和农田(田容才 等,2019;万志红 等,2016)等陆地生态系统。然而由于观测环境恶劣、影响因素复杂及建站成本高昂等因素,关于滨海湿地碳通量的监测与研究较少。

2.3 遥感反演技术

近年来,遥感技术也逐渐被运用在蓝碳生态系统碳汇测算中。遥感技术在滨海植物群落结构调查和面积提取等方面具有独特优势,可用于监测蓝碳生态系统的大小、分区、样地设置和生物量的测定,为碳计量工作提供土地利用变化及碳储量时间变化信息。遥感测定可以在不同的空间分辨率上进行。根据传感器的不同,可以识别滨海植物群落不同的生物物理特征和结构。在盐沼生态系统碳汇本底资源调查过程中,遥感卫星可以连续多年提供信息,从大的空间和时间尺度上监测盐沼湿地生态系统的自然和人为变化。结合遥感数据和野外监测数据可以更高效和准确地估算盐沼湿地碳储量。

目前,遥感计算在红树林生态系统生物量、碳储量及监测碳排放核算中的应用较多,而在潮汐盐沼的碳储量监测较少。Parmar 等(2018)开发了 Blue Carbon(BC)模式,运用 EVI MODIS 数据、EC 塔数据、气象数据(CSVF2)及 NOAA(美国国家海洋大气局)的 CAF 数据等潮汐湿地覆盖数据集,系统研究了美国大陆盐沼湿地的初级生产力,核算出美国潮汐湿地初级生产为 4.32 ± 2.45 g C/($m^2 \cdot d$),美国大陆初级生产为 39.65 ± 0.89 Tg C/a。Darmawan 等(2019)运用全球 25 m 分辨率的 PALSAR/PALSAR-2 遥感系统,开展了东南亚 510 万 hm^2 红树林生态系统生物量核算,得出估算的平均地上生物量为 140.5 ± 136.1 Mg/hm^2。Pham 等(2018)运用 ALOS-2 PALSAR-2 和哨兵 2 号(Sentinel-2A)高精度遥感影像评估了越南海防市沿海红树林地上生物量,结果发现地上生物量为 $36.22\sim230.14$ Mg/hm^2,平均为 87.67 Mg/hm^2。Peng 等(2021)运用陆地卫星对 1986—2018 年的辽河口湿地面积进行了监测,监测结果显示:滨海湿地(潮滩、浅海、芦苇田和臭草)的面积发生了剧烈变化,湿地面积减少了 421 km²(12.4%);滨海湿地主要由滩涂和浅海水域向建成区和养殖池塘转变,受人类活动和自然因素(沉积)的影响,芦苇总面积增加了 24 km²(5.34%),而海藻总面积减少了 7 km²(16.32%)。

2.4 模型模拟

  近年来,模型在碳储量评估方面的研究迅速加强,有利于更准确地从空间尺度上反映评价成果。其中,InVEST 模型应用较为广泛。InVEST 模型(Integrated Valuation of Ecosystem Services and Trade-offs)的全称为生态系统服务和权衡综合评估模型(Goldstein et al.,2012),是由美国斯坦福大学、大自然保护协会(TNC)以及世界自然基金会(WWF)共同合作开发的一套软件工具,主要包括产水量、水质净化、土壤保持、碳储存和固持、作物授粉、生境质量等几个模块(Fisher et al.,2011)。该模型能够模拟不同土地利用/覆被情景下生态系统服务质量和价值量的变化(Kareiva et al.,2011),实现了生态系统服务的动态化评估(侯红艳 等,2018),同时能清晰地将生态系统服务空间化(Nelson et al.,2010),为政府及相关部门提供科学的决策依据(Erik et al.,2010;张振明 等,2011)。

  InVEST 模型碳储量模块全称为"碳储存和封存:气候调节(Carbon Storage and Sequestration: Climate Regulation)"。其中,碳储存(Storage)的含义是指任意给定的时间点内生态系统所储存的碳的量;碳封存(Sequestration)指将捕获、压缩后的 CO_2 运输到指定地点进行长期封存的过程。生态系统通过从大气中吸收和向大气中排放 CO_2 等温室气体来调节地球气候。总体而言,陆地及滨海湿地生态系统比大气圈储存了更多的碳(Wang et al.,2021)。滨海湿地生态系统的植被、土壤等能吸收大气中的 CO_2,并将这些碳固定或储存下来,但也会因为一些干扰(如火灾、土地利用/覆盖变化等)释放出碳,从而影响全球气候变化。

  滨海湿地生态系统与陆地生态系统相似,包括了地上部分生物量、地下部分生物量、土壤有机碳以及死亡有机质碳四大碳库。其中,地上生物量包括土壤上所有生长的植被生物量;地下生物量包括地上生物量生长的根系;土壤有机碳为土壤的有机组成部分,是最大的陆地碳库;死亡有机质包括枯枝落叶等。除了这些常见的四种基本碳库外,InVEST 碳模块还设计了第五碳库,即木材制品碳库(Harvested Wood Products,HWPs),包括了木材、木炭或可长久使用的木材产品(如木材家具等)。

  从 2007 年发布至今,InVEST 模型在国际上已广泛应用于各类政府和机构的区域规划及决策中。Kovacs 等(2013)使用 InVEST 模型评估美国明尼苏达州的土地利用和覆被的变化对碳储量、水质净化等多种生态系统服务价值的影响,研究表明公共土地收购应投资在土地成本低、生态服务价值高的地区。Goldstein 等(2012)利用 InVEST 模型的水质净化和碳储量模块,以夏威夷 O'ahu 岛屿为例,完成 7 种不同情景下的决策方案评估,该结果可以帮助指导当地土地利用决策。Leh 等(2013)利用 InVEST 模型评估了 2000—2009 年间非洲西部加纳和科特迪瓦土地利用变化对产水量、碳储量等 4 个生态系统服务功能以及生物多样性的影响,以期为土地管理者提供不同的管理情景。Sallustio 等(2017)运用 InVEST 模型碳储量模块评估意大利中部(罗马和莫利塞)地区土地利用变化对碳储量的影响。

  InVEST 模型在国内则较多应用于对碳储存、生境质量、土壤保持、水源供给等多种生态系统服务的评估。邱建慧(2017)以全国围填海区内的滨海湿地作为研究对象,基于全国围填海土地利用分类数据、滨海湿地和沿海自然保护区空间分布数据以及文献检索碳密度数据,采用 InVEST 模型对 2015 年全国围填海区域的土地利用和碳储量分布现状、1990—2015 年间围填海活动对滨海湿地土地利用和碳储量的影响、以及围填海对沿海自然保护区的影响进行评估。赵宁(2020)运用 InVEST 模型对研究区碳储存、生物多样性服务功能分别进行评估,探讨了 2000—2015 年间生态系统服务功能的时空分布特征和变化规律;在此基础上,通过 ArcGIS 软件的重分类工具和自然断点法对渤海湾沿岸碳储存、生物多样性功能评估结果进行重要性等级划分;最后,针对 2015 年渤海湾沿岸单项服务功能将评估结果叠加分析,进行综合评估,并获得生态系统服务功能重要性分区。鲁雅兰等(2023)基于 InVEST 生境质量模型评估了环渤海海岸带地区生境质量的时空演化格局,发现:2000—2020 年环渤海地区整体生境质量等级处于中等且呈持续上升趋势,主要受气温、高程、降水、路网密度和植被覆盖率等因子的影响,其中降水、气温和高程的影响程度较强。李婷等(2014)采用 InVEST 土壤保持模型对秦岭山地潜在与实际土壤侵蚀量进行计算,并对研究区土壤保持生态服务价值进行量化。潘韬等(2013)基于 InVEST 模型定量估算了 1980—2005 年三江源区生态系统的水源供给量,分析了不同时期水源供给量的时空变化特征及其成因。结果表明:1981—2010 年,三江源区的降水量整体呈先降低后增加的趋势,降水径流系数的递减趋势比较显著,表明区域地表产流能力下降;1980—2005 年,三江源区水源供给量整体呈下降趋势,且黄河源区的下降趋势最明显。

第 3 章

津冀滨海湿地1980—2020年碳储量演变特征

InVEST 模型可以对不同土地利用情景下的各项生态系统服务功能进行模拟量化,并实现动态评价,已被广泛应用。本书采用 InVEST 模型中的 Carbon 模块对津冀近 40 年(1980—2020 年)滨海湿地碳储量进行评估。

3.1　InVEST 模型

InVEST 模型较以往生态系统服务功能评估方法的最大优点是评估结果的可视化表达,解决了以往生态系统服务功能评估用文字抽象表述而不够直观的问题。本研究通过 InVEST 模型的 Carbon 模块的子模型量化评估津冀盐沼生态系统的碳储量。在进行碳储存综合评估的过程中运用了 ArcGIS 软件空间分析中的重分类和叠加工具。根据收集的数据,基于模型原理,通过 ArcGIS 等相关软件将数据处理成 InVEST 模型运行所需的标准格式,将数据导入模型,将模型输出结果通过 ArcGIS 软件对津冀沿岸碳储量进行时空变化分析。

InVEST 模型的碳储存模块是基于地上生物量、地下生物量、土壤碳库、死亡有机质、以及第五碳库五部分来模拟当前或规划情景下的碳储量。由于本次研究不涉及木材产品的衰减率等信息,故本次研究对死亡有机质和第五碳库暂不作考虑,也能满足本次对基本碳储量研究需求。该模块以土地利用数据和碳密度数据为基础,来定量评估土地利用变化对碳储量的影响。以不同土地利用/覆被类型的栅格为评价单元,通过统计各个碳库的碳密度,再将其分别与各自相应的面积相乘,得到四大碳库的碳储量,再将其输入模型,进而得到碳储量及其空间分布。

其计算公式如下:

$$C_{total}=C_{above}+C_{below}+C_{soil}+C_{dead}$$

式中:C_{total} 为总碳储量,C_{above} 为地上部分碳储量,C_{below} 为地下部分碳储量,C_{soil} 为土壤碳储量,C_{dead} 为储存在死亡有机物中的碳储量,单位均为 t/hm^2。

InVEST 模型运行流程图,如图 3-1 所示。

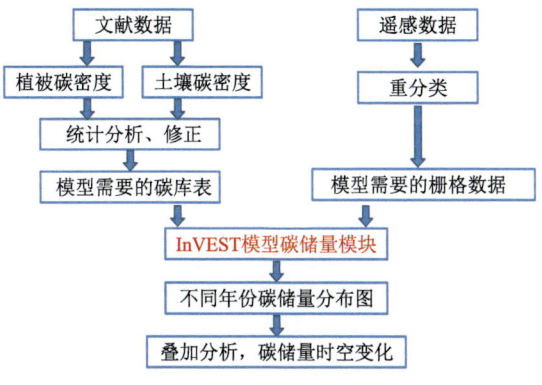

图 3-1　InVEST 模型运行流程图

3.2 土地利用数据

土地利用数据来源于中国科学院地理科学与资源研究所的中国多时期土地利用/土地覆盖遥感监测数据（CNLUCC）。该数据库的构建由中国科学院地理科学与资源研究所牵头，联合中国科学院遥感应用研究所、东北地理与农业生态研究所、武汉测量与地球物理研究所、新疆生态与地理研究所、西北生态环境资源研究院、成都山地灾害与环境研究所等多家单位共同完成。

购买的数据包括 1980 年(1970 年代末期)、1990 年(20 世纪 80 年代末期)、1995 年、2000 年、2005 年、2010 年、2013 年、2015 年、2018 年和 2020 年，共 10 期，分辨率为 30 m。其中 1980 年土地利用/覆盖数据的重建主要使用 Landsat-MSS 遥感影像数据，1990 年、1995 年、2000 年、2005 年、2010 年各期数据的遥感解译主要使用了 Landsat-TM/ETM 遥感影像数据，而 2010 年之后的土地利用/覆盖数据更新主要使用 Landsat 8 遥感影像数据。该数据以美国陆地卫星 Landsat 遥感影像为主信息源，通过人工目视解译建立。数据根据土地资源与利用性质分为耕地、林地、草地、水域、建设用地和未利用地 6 个一级地类，根据土地资源的自然属性又分为 25 个二级类型。

查阅《中国湿地植被与植物图集》(赵魁义 等，2019)、《天津湿地植被图集》(李勇，2020)、《河北植被》(河北植被编辑委员会，1996)中生长于天津市和河北省湿地植被的生境，湿地植被主要集中于盐碱地、沼泽地，因此将二级地类中的盐碱地、沼泽地重新分类为盐碱沼泽地，滩涂因植被稀少与盐碱沼泽地有一定区别，单独归类。因此本研究中的滨海湿地包括盐碱沼泽地、滩涂。中国科学院地理科学与资源研究所的中国多时期土地利用遥感监测数据，遥感解译盐碱地、沼泽地的正确率不低于 85%，滩涂的正确率不低于 90%，符合研究要求。

选择天津市、河北省的 15 个沿海区(县)为研究区域，主要包括秦皇岛市的山海关区、海港区、北戴河区、抚宁县、昌黎县，唐山市的乐亭县、滦南县、曹妃甸区、丰南区，天津市的滨海新区、宁河县、东丽区、津南区，以及沧州市的黄骅市、海兴县。数据剪裁时提取了以上 15 个区(县)的行政边界，考虑到因填海造陆引起的海洋变化情况，以行政边界剪裁会使得相关数据缺失，所以在提取的研究区行政边界的向海一侧手动增添了一条边界进行数据裁剪，得到不同年份的土地利用数据。在此基础上，分别提取了盐碱地、沼泽地、滩涂、海洋的土地利用数据，将盐碱地、沼泽地重分类为盐碱沼泽地，进而将盐碱沼泽地、滩涂、海洋的土地利用数据在在 ArcGIS 中镶嵌得到 10 个年份沿海区县的盐碱沼泽地、滩涂、海洋分布数据。

将获得的 10 个年份重分类好的土地利用栅格数据，利用面积制表工具，计算不同年份的盐碱沼泽、滩涂、海洋面积。以 Arc Toolbox-Spatial Analyst 工具-面积制表，得到不同年份地类面积，输出表格，结果如图 3-2 所示，其中绿色为盐碱沼泽，酱色为滩涂，蓝色为海洋。

第3章 津冀滨海湿地 1980—2020 年碳储量演变特征

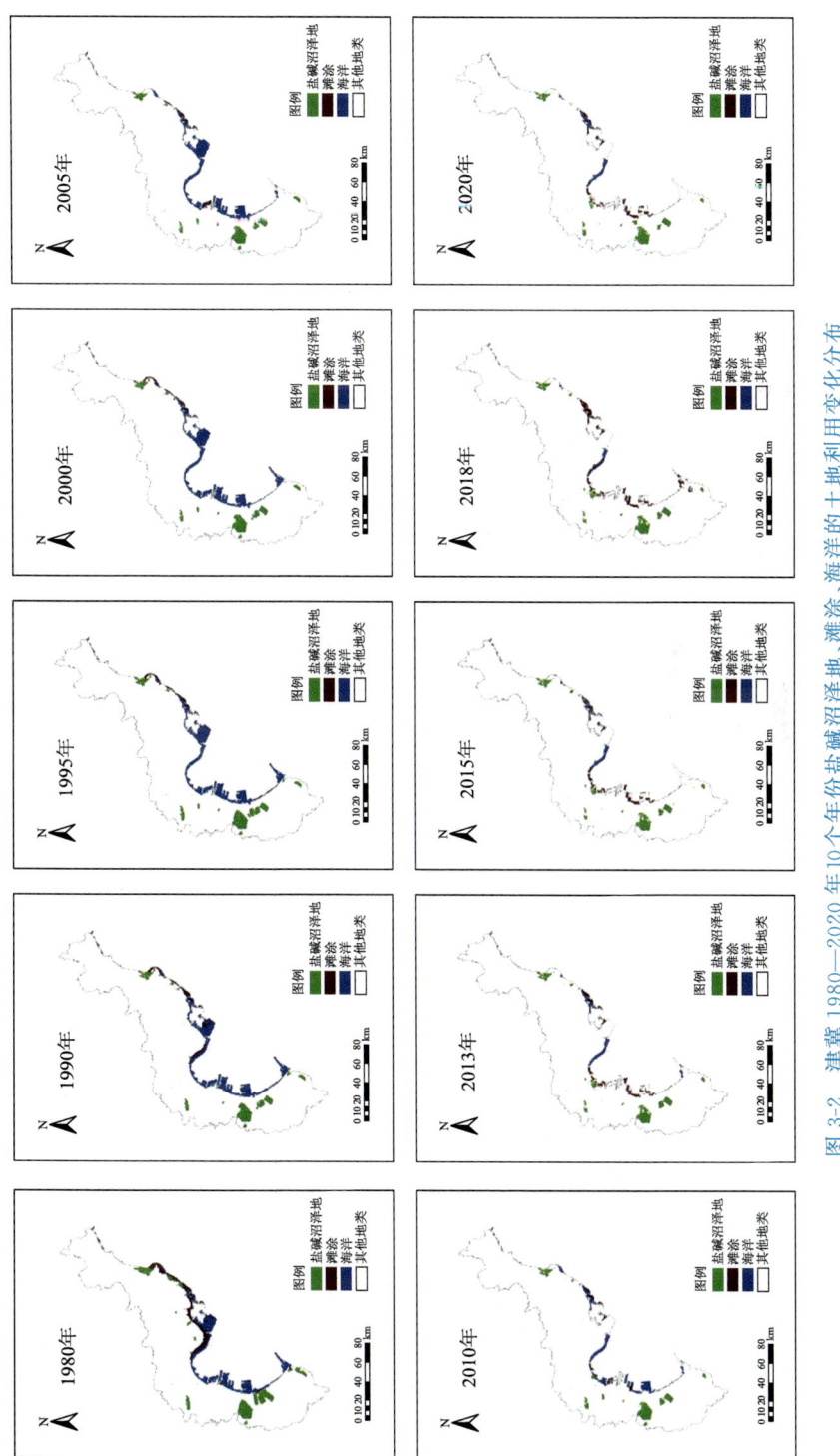

图 3-2 津冀 1980—2020 年 10 个年份盐碱沼泽地、滩涂、海洋的土地利用变化分布

津冀滨海湿地 1980—2020 年碳储量演变特征及其驱动因素分析

1980—2020 年期间 10 个年份的盐碱沼泽、滩涂面积详见表 3-1 和图 3-3。结果发现,1980 年盐碱沼泽地面积最大,约为 678.0204 km²,1990 年明显下降,1990—2010 年期间逐渐降低,2013 年面积最低为 401.4711 km²,之后至 2020 年基本平稳,维持在 401.4711~411.0579 km²。滩涂面积也在 1980 年面积最大,为 419.9247 km²,1990 年明显降低,1995—2010 年期间面积变化不明显,其中 2005 年面积最小为 95.3784 km²,2013 年略有上升,之后至 2018 年面积增加至 349.5231 km²,2020 年又回落至 196.8633 km²。

表 3-1   1980—2020 年期间 10 个年份的盐碱沼泽、滩涂面积   单位:km²

年份	盐碱沼泽	滩涂
1980	678.0204	419.9247
1990	458.5581	201.1878
1995	512.6958	119.9943
2000	445.4874	102.0420
2005	430.2189	95.3784
2010	424.5273	118.0071
2013	401.4711	210.3813
2015	411.0579	211.0149
2018	408.2823	349.5231
2020	410.2056	196.8633

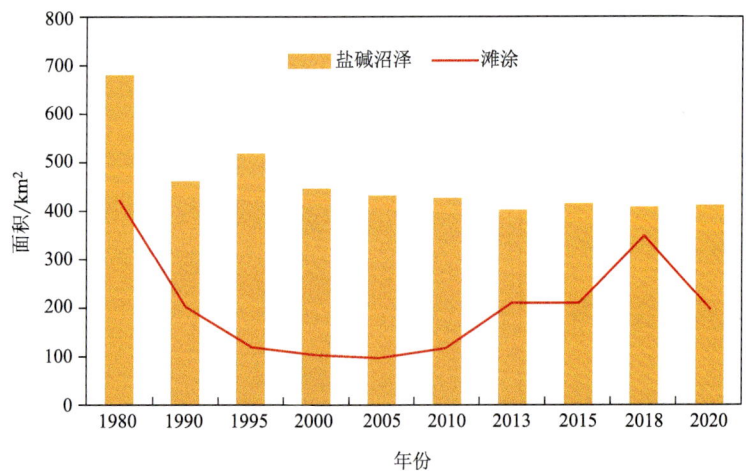

图 3-3   1980—2020 年期间 10 个年份的盐碱沼泽、滩涂面积

3.3 碳密度数据

根据 InVEST 模型使用手册可知,碳储量计算需要植被的地上、地下、凋落物以

及土壤的碳密度数据,单位为 t/hm²。以滨海湿地碳储量、滨海湿地碳密度、盐沼湿地为关键词分别检索到 462、365、270 共 1097 篇文献,基于以下标准进行文献筛选:①研究区位于中国沿海区域;②研究区湿地类型包括碱蓬、芦苇、互花米草等湿地植被,滨海湿地,人工湿地、沼泽湿地中的一种或多种;③文章数据至少包括土壤有机碳密度、植被有机碳密度、植被碳储量及面积、土壤碳储量及面积中的一项。最终选择了 79 篇文献,收集了中国 50 个省份滨海湿地植被以及土壤的碳密度数据。选择沿海北部地区(辽宁省、山东省、河北省、天津市)的典型湿地植被芦苇、碱蓬、互花米草、柽柳通过实测得到的碳密度数据作为数据来源。

参考模型使用手册与相关研究成果,碳密度数据在选择上遵循以下几个原则:①通过野外采样后续进行实验分析测得的数据;②考虑研究区主要植被类型;③如果可用数据较少,可选择与研究区气温降水纬度相近地区的实验数据。最终盐沼地选择芦苇、碱蓬、柽柳、互花米草等地块,在沿海北部地区(即辽宁省、山东省、河北省、天津市)通过野外实地采集后进行实验测试得到的碳密度数据作为模型参数,滩涂亦选择沿海北部地区(即辽宁省、山东省、河北省、天津市),通过野外实地采集后进行实验测试得到的碳密度数据作为模型参数。

模型所使用的碳密度数据详见表 3-2。

表 3-2 碳密度 单位:t/hm²

土地类型	地上碳密度	地下碳密度	土壤碳密度
盐碱沼泽	4.4	0.67	87.47
滩涂	1.5	0.5	15

3.4 碳储量演变特征

将碳密度数据与土地利用数据通过 InVEST 模型模拟,分别得到了 1980 年、1990 年、1995 年、2000 年、2005 年、2010 年、2013 年、2015 年、2018 年、2020 年研究区的盐碱沼泽和滩涂碳储量。

在 ArcGIS 中添加不同年份的栅格数据结果,利用空间分析计算得到不同年份盐碱沼泽和滩涂的植被、土壤以及其合并碳储量(滨海湿地碳储量)。由图 3-4a 可得研究区盐碱沼泽的碳储量由 1980 年的 6.274 Tg 下降到 2020 年的 3.796 Tg,碳储量共降低 2.478 Tg。由结果可看出 1980—2000 年研究区盐碱沼泽碳储量的变化较大,2000 年之后变化不大。1980—1990 年碳储量下降较多,共减少 2.031 Tg。1990—1995 盐碱沼泽地的碳储量短暂上升,增加 0.501 Tg。从 1995 年到 2013 年盐碱沼泽的碳储量逐渐下降,共减少 1.029 Tg。2013—2015 年盐碱沼泽碳储量增加 0.089 Tg。2015—2018 年盐碱沼泽碳储量减少 0.026 Tg。2018—2020 年盐碱沼泽碳储量增加 0.018 Tg。

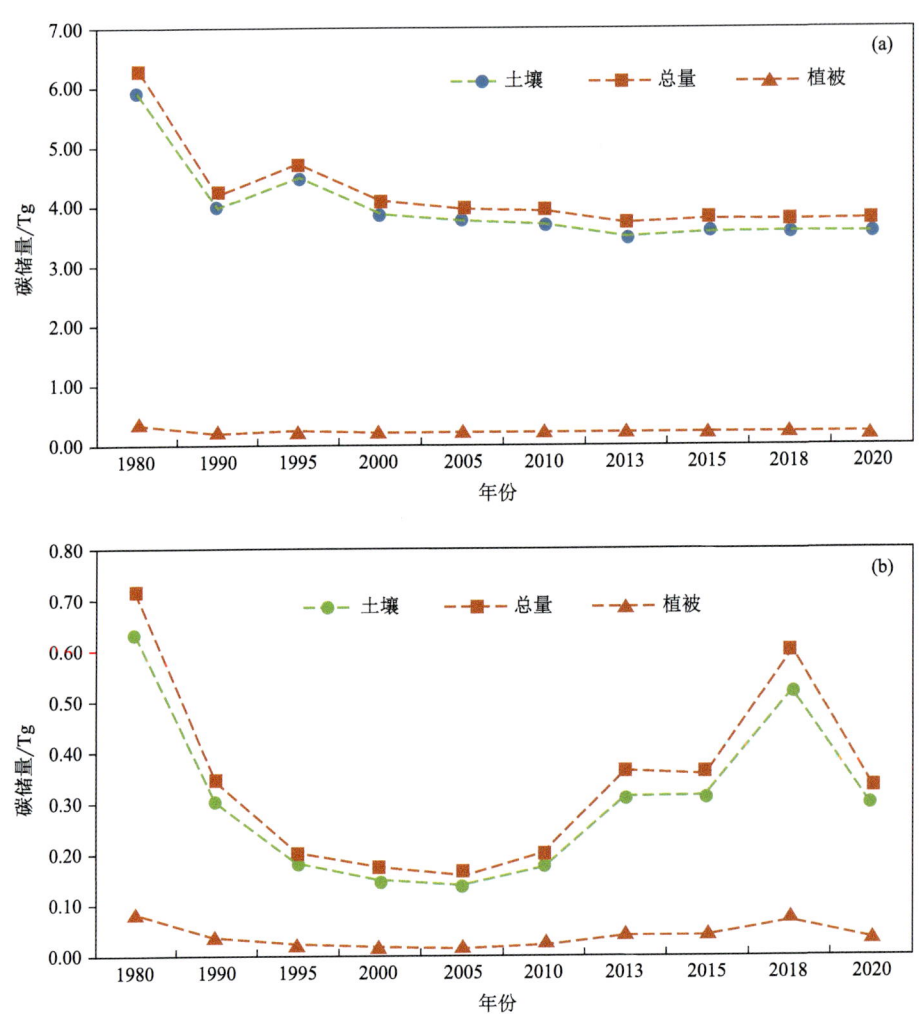

图 3-4 盐沼(a)和滩涂(b)碳储量演变(图中盐沼为盐碱沼泽地)

由图 3-4b 可得研究区 1980—2020 年滩涂的碳储量变化趋势大致呈先降低再上升再下降的趋势。1980 年研究区滩涂的碳储量最高为 0.714 Tg,从 1980 年到 2000 年滩涂的碳储量持续下降,1980—2000 年滩涂碳储量共减少了 0.540 Tg,其中 1980—1990 年、1990—1995 年滩涂的碳储量降低较多,这两个研究时段分别减少了 0.372 Tg、0.138 Tg。2000—2010 年滩涂的碳储量变化不大,从 2010 年开始滩涂碳储量开始上升。滩涂碳储量增加主要集中于 2010—2013 年、2015—2018 年,分别增加了 0.157 Tg、0.235 Tg。到 2020 年的滩涂碳储量降低为 0.335 Tg。

进一步探究整个研究区域植被碳储量、土壤碳储量和滨海湿地碳储量近 40 年的演变特征。滨海湿地由盐碱沼泽地以及滩涂共同构成,因此将其植被与土壤的碳储量加在一起得到不同年份的滨海湿地碳储量。由图 3-5 可得,植被碳储量、土壤碳储量和滨海湿地碳储量近 40 年演变趋势一致,1980—1990 年三种碳储量均减少,1990—2010 年三种碳储量先增加后减少,2010—2018 年植被碳储量逐渐增加,土壤和滨海湿地碳储量先减少后增加,2018—2020 年三种碳储量均减少。自然变化(海平面的上升)和人类活动(土地利用方式的改变)是导致滨海湿地碳储能力改变的常见因素(赵宁,2020),在本研究中建设用地面积的增加和滨海湿地面积的减少导致滨海湿地碳储量下降。

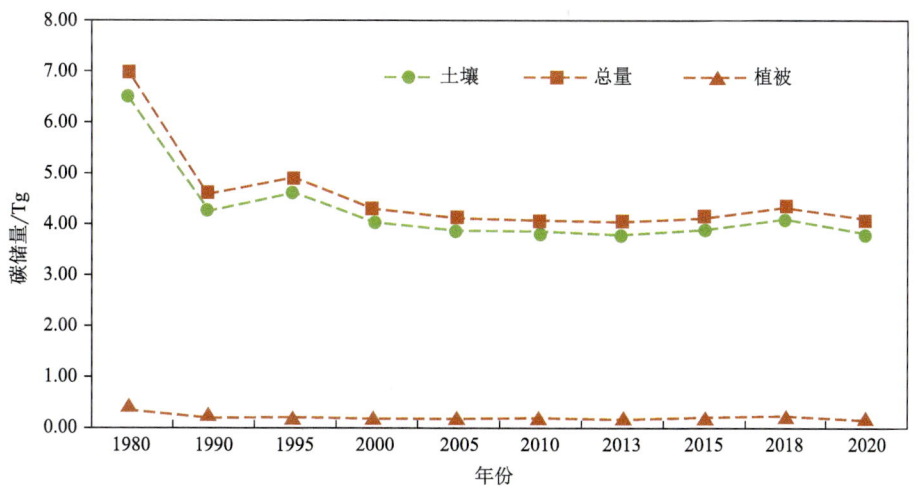

图 3-5 津冀滨海湿地植被、土壤、总碳储量变化情况

3.5 碳储量水平评估

3.5.1 滨海湿地碳储量相关研究

为探究研究区的碳储量水平,我们搜集了 1987—2022 年发表的全球以及国内其他地区滨海湿地以及滩涂的碳储量结果。其中 2000 年之前的研究成果较少,碳储量水平通过土壤调查计算和遥感反演估算地类面积并结合碳密度数据估算得到,不同地区植被碳储量在 1.59~43.41 Tg,土壤碳储量在 1.61~12.3 Tg。2000 年之后对湿地碳储量的研究增多,方法包括基于现场监测的核算方法、遥感估算、模型模拟等。研究区域主要集中在辽河口、黄河三角洲、长江口等地区,不同区域湿地碳储量在 0.06~4014 Tg,湿地植被的碳储量在 0.06~44.98 Tg,土壤碳储量在 0.12~22.8 Tg。对国内研究结果分别按不同年份、不同地区、不同地类的植被碳储量、土壤碳储量进行统计,结果如表 3-3 所示。

表 3-3 滨海湿地碳储量相关研究对比

地区	类型	碳储量/Tg	面积/km²	土壤/Tg	方法	参考文献
渤海湾沿岸	全部地类	241.1076	3221			赵宁(2020)
		238.8681				
		227.9216				
		226.7616				
黄河三角洲	滨海湿地	2.0054			实测生物量估算	张绪良等(2012)
黄河三角洲	滨海湿地总		2112.46	3.43	采样计算有机碳密度空间插值	于君宝等(2013)
			2123.2	3.17		
	滩涂		477.56	0.7131		
			381.17	0.5615		
黄河三角洲	滨海湿地	3.16783			模型,养殖水域全包括	周方文等(2015)
		3.0771				
胶州湾	滨海湿地	4092			碳密度实测,I模型估算	张雪等(2022)
		3675			全部地类	
		4014				
		3213				
乐清湾	互花米草	0.345244	33.5287		遥感解译,采样测量估算	陈雅慧等(2023)
辽东	沼泽湿地		1961.8	22.8	实测有机碳数据结合预测模型	康应等(2021)
闽东	潮间滩涂			2.11 kt/km²	采样实测	廖小娟等(2013)
昌邑	柽柳地上	0.0805778	12.351		基于生物量遥感估算	杨国强等(2017)
辽河口	湿地自然植被	1.077146018	404.735		实测估算	张婷婷等(2020)
辽河	大凌河口湿地	春		41.93 t/hm²	实测估算	张广帅等(2023)
		秋		44.72		

第3章 津冀滨海湿地1980—2020年碳储量演变特征

续表

地区	类型	碳储量/Tg	面积/km²	土壤/Tg	方法	参考文献
盐城	湿地植被	1.5921	1184.72	1.6102	面积遥感，碳含量实测结合估算	周威（2009）
		1.2974	1028.7	1.3257		
长江口	潮沟	0.001493	0.42		实测遥感解译模型反演估算	原一荃（2021）
山东南四湖	湿地植被	0.0605764	1228.2668		遥感解译面积，结合已发表碳密度估算	于泉洲等（2010）
上海崇明东滩	潮滩		49.57	0.115	实测碳密度结合插值估算	姜俊彦等（2015）
天津	滨海新区			12.3	实测结合土壤调查得到碳密度、面积遥感	李雪梅（2016）
辽河三角洲	全部地类	43.41	3824.98	9.97	发表的碳密度模型估算	智烈慧等（2022）
		35.77				
辽河口	碱蓬	0.606	7.07		实测生物量，遥感反演估算	李微等（2022）
	盐地碱蓬	0.406	5.65			
	草甸盐土	1.17	9.65			
全国沼泽	草甸沼泽	4712	59300		第一次全国土壤普查计算	王绍强等（1999）
	盐土	9	2400			
全国盐土	碱化盐土	3	3200			
	草甸盐土	26	12000			
中国	滨海湿地	38.44			遥感反演与生命地带相结合	李静泰等（2023）
辽河口	滨海湿地	5.41				
黄河三角洲	滨海湿地	3.52				
盐城	滨海湿地	2.36				
长三角	滨海湿地	5.03				
中国	盐沼	7.5	1270~3430		收集数据总结	周金戈等（2022）
全球	滨海蓝碳	3×10⁴	1.85×10⁶			

3.5.2　植被碳储量水平评估

研究区植被碳储量见表 3-4,本研究中的盐碱沼泽、滩涂的碳储量分为植被碳储量、土壤碳储量以及合计碳储量三类,并分别与表 3-3 相关研究结果进行比较分析。研究区 1995 年湿地植被面积为 632.69 km²,碳储量为 0.284 Tg,单位面积碳储量为 4.49 t/hm²。周崴(2009)利用遥感解译以及结合实测碳含量数据的方法,得到 1997 年盐城滨海湿地芦苇、碱蓬、互花米草、光滩植被碳储量为 1.5921 Tg,面积为 1184.72 km²,单位面积碳储量 13.43 t/hm²。相较于盐城的碳储量,研究区的碳储量较低,其原因可能为研究区植被分布面积较盐城小,且盐城相对京津冀地区气候温暖。

2005 年研究区湿地植被面积 525.6 km²,湿地植被碳储量 0.237 Tg,单位面积碳储量 4.51 t/hm²。周崴(2009)利用遥感解译以及结合实测碳含量数据的方法,得到 2006 年盐城滨海湿地芦苇、碱蓬、互花米草、光滩植被碳储量为 1.297 Tg,面积为 1028.7 km²,单位面积碳储量 12.61 t/hm²。于泉洲等(2010)利用遥感解译湿地分布并结合已发表的碳密度数据估算出山东南四湖湿地植被 2006 年的碳储量为 0.0606 Tg,面积为 1228.27 km²,单位面积碳储量 0.493 t/hm²。相较于盐城的植被碳储量,研究区湿地植被碳储量处于较低水平,对比山东省南四湖湿地植被碳储量则较高。

2010 年研究区湿地植被面积 542.53 km²,碳储量 0.239 Tg,单位面积碳储量 4.4 t/hm²。张绪良等(2012)利用样方法实测生物量的方法估算了山东黄河三角洲滨海湿地植被的碳储量为 2.005 Tg,面积为 3221 km²,其单位面积碳储量为 6.2 t/hm²。研究区 2010 年湿地植被碳储量低于山东黄河三角洲。

2018 年研究区湿地植被面积 757.81 km²,碳储量 0.277 Tg,单位面积碳储量 3.65 t/hm²。2020 年研究区湿地植被面积 607.07 km²,湿地植被碳储量 0.247 Tg,单位面积碳储量 4.07 t/hm²。杨国强(2017)基于生物量遥感估算 2017 年山东昌邑柽柳地上碳储量为 0.0806 Tg,面积 12.351 km²,单位面积碳储量 65.24 t/hm²。张婷婷等(2020)利用样方法实测碳含量的方法估算 2017 年辽河口自然湿地碳储量为 1.077146 Tg,面积为 404.735 km²,单位面积碳储量 26.61 t/hm²。李微(2022)利用实测生物量遥感反演估算,2018—2020 年辽河口碱蓬湿地植被的碳储量分别为 0.606 Tg、0.406 Tg、1.17 Tg,面积分别为 7.07 km²、5.65 km²、9.65 km²,单位面积碳储量分别为 857.14 t/hm²、718.58 t/hm²、1212.44 t/hm²。相较于山东、辽宁的湿地植被碳储量,研究区的碳储量处于较低水平。

表 3-4　研究区植被碳储量

年份	面积/km²	总碳储量/Tg	单位面积碳储量/(t/hm²)
1980	1097.9	0.427741	3.90
1990	659.8	0.272727	4.13

续表

年份	面积/km²	总碳储量/Tg	单位面积碳储量/(t/hm²)
1995	632.7	0.283936	4.49
2000	547.5	0.246271	4.50
2005	525.6	0.237197	4.51
2010	542.5	0.238837	4.40
2013	611.9	0.245622	4.01
2015	622.1	0.250609	4.03
2018	757.8	0.276904	3.65
2020	607.1	0.247347	4.07

3.5.3 土壤碳储量水平评估

研究区土壤碳储量见表 3-5,1980 年研究区湿地土壤碳储量 6.561 Tg,面积 1097.95 km²,单位面积碳储量 59.75 t/hm²。李雪梅(2016)利用遥感解译结合实测碳密度数据以及土壤调查结果估算 1979 年天津市滨海新区湿地土壤碳储量为 12.3 Tg,面积 3414.77 km²,单位面积碳储量 36.02 t/hm²。相较于天津市滨海新区,研究区 1980 年湿地土壤单位面积碳储量高于天津滨海新区。

1995 年研究区湿地土壤碳储量 4.665 Tg,面积 632.69 km²,单位面积碳储量 73.72 t/hm²。周崴(2009)利用遥感解译以及结合实测碳含量数据的方法,得到 1997 年盐城滨海湿地芦苇、碱蓬、互花米草、光滩土壤碳储量为 1.610 Tg,面积为 1184.72 km²,单位面积碳储量 13.59 t/hm²。相较于盐城滨海湿地土壤碳储量,研究区 1995 年湿地土壤碳储量水平高于 1997 年盐城湿地碳储量。

2000 年研究区湿地土壤碳储量 4.0497 Tg,面积 547.53 km²,单位面积碳储量 73.97 t/hm²。于君宝等(2013)利用实测有机碳密度结合空间插值法估算 2000 年山东黄河三角洲滨海湿地土壤碳储量为 3.43 Tg,面积为 2112.46 km²,单位面积碳储量 16.24 t/hm²。相较于山东滨海湿地土壤碳储量,研究区 2000 年湿地土壤碳储量处于较高水平。

2005 年研究区湿地土壤碳储量 3.906 Tg,面积 525.60 km²,单位面积碳储量 74.32 t/hm²。周崴(2009)利用遥感解译以及结合实测碳含量数据的方法,得到 2006 年盐城滨海湿地芦苇、碱蓬、互花米草、光滩土壤碳储量为 1.326 Tg,面积为 1028.7 km²,单位面积碳储量 12.89 t/hm²。相较于盐城滨海湿地土壤碳储量,研究区 2005 年湿地土壤碳储量处于较高水平。

2010 年研究区湿地土壤碳储量 3.890 Tg,面积 542.53 km²,单位面积碳储量 71.71 t/hm²。于君宝等(2013)利用实测有机碳密度结合空间插值法估算 2009 年山东黄河三角洲滨海湿地土壤碳储量为 3.17 Tg,面积为 2123.2 km²,单位面积碳储量

14.93 t/hm²。相较于山东滨海湿地土壤碳储量,研究区 2010 年湿地土壤碳储量处于较高水平。

2013 年研究区湿地土壤碳储量 3.827 Tg,面积 611.85 km²,单位面积碳储量 62.55 t/hm²。姜俊彦等(2015)利用实测碳密度结合插值方法估算 2013 年上海市崇明东滩湿地土壤碳储量为 0.115 Tg,面积为 49.57 km²,单位面积碳储量 23.2 t/hm²。李雪梅(2016)利用遥感解译结合实测碳密度数据以及土壤调查结果估算 2013 年天津市滨海新区湿地土壤碳储量为 9.97 Tg,面积 3414.77 km²,单位面积碳储量 29.2 t/hm²。相较于上海崇明东滩湿地,研究区湿地土壤碳储量处于较高水平。

表 3-5 研究区土壤碳储量

年份	面积/km²	总碳储量/Tg	单位面积碳储量/(t/hm²)
1980	1097.9	6.560531	59.76
1990	659.8	4.312789	65.37
1995	632.7	4.664542	73.72
2000	547.5	4.049741	73.97
2005	525.6	3.906192	74.32
2010	542.5	3.890351	71.71
2013	611.9	3.827240	62.55
2015	622.1	3.912046	62.88
2018	757.8	4.095530	54.04
2020	607.1	3.883363	63.97

3.5.4 滨海湿地总碳储量水平评估

研究区滨海湿地碳储量见表 3-6。1980 年研究区湿地植被与土壤碳储量合计为 6.988 Tg,面积 1097.9 km²,单位面积碳储量 63.65 t/hm²。智烈慧等(2022)利用 InVEST 模型估算辽河三角洲 1980 年的碳储量为 43.41 Tg,其面积为 3824.98 km²,单位面积碳储量 113.49 t/hm²。其总碳储量数据相较于研究区比较大的原因主要是智烈慧等(2022)估算了辽河三角洲全部地类的碳储量,本研究只计算了滨海湿地盐沼与滩涂的植被与土壤的碳储量。

1990 年研究区湿地植被与土壤碳储量合计为 4.586 Tg,面积 659.75 km²,单位面积碳储量 69.5 t/hm²。李静泰等(2023)利用遥感反演与生命地带相结合的方法估算 1987 年中国滨海湿地碳储量为 38.44Tg。研究区滨海湿地碳储量约占全国碳储量的 11.93%。张雪等(2022)利用实测碳密度数据结合 InVEST 模型估算 1990 年胶州湾滨海湿地的碳储量为 4092 Tg,其研究结果较大是因为其核算区域包含了沿海全部地类,而本研究只计算了滨海湿地盐沼与滩涂的植被与土壤的碳储量。

第 3 章　津冀滨海湿地 1980—2020 年碳储量演变特征

2000 年研究区湿地植被与土壤碳储量合计为 4.296 Tg，面积 547.53 km^2，单位面积碳储量 78.47 t/hm^2。张雪等（2022）利用实测碳密度数据结合 InVEST 模型估算 2000 年胶州湾滨海湿地的碳储量为 3675 Tg，与之比较差距较大是因为其结果包含了沿海全部地类的碳储量，而本研究只计算了滨海湿地盐沼与滩涂的植被与土壤的碳储量。赵宁（2020）利用模型估算 2000 年渤海湾沿岸滨海湿地与滩涂碳储量为 44.974 Tg，面积为 2046.27 km^2，单位面积碳储量 219.79 t/hm^2。2000 年研究区滨海湿地碳储量水平低于赵宁估算的渤海湾沿岸滨海湿地的碳储量水平。

2005 年研究区湿地植被与土壤碳储量合计为 4.143 Tg，面积 525.6 km^2，单位面积碳储量 78.83 t/hm^2。赵宁（2020）利用模型估算 2005 年渤海湾沿岸滨海湿地与滩涂碳储量为 39.252 Tg，面积为 1784.56 km^2，单位面积碳储量 219.95 t/hm^2。2005 年研究区滨海湿地碳储量水平低于赵宁估算的渤海湾沿岸滨海湿地的碳储量水平。

2010 年研究区湿地植被与土壤碳储量合计为 4.129 Tg，面积 542.53 km^2，单位面积碳储量 76.11 t/hm^2。智烈慧等（2022）利用 InVEST 模型估算辽河三角洲 2010 年的碳储量为 35.77 Tg，其面积为 3824.98 km^2，单位面积碳储量为 93.52 t/hm^2。赵宁（2020）利用模型估算 2010 年渤海湾沿岸滨海湿地与滩涂碳储量为 30.549 Tg，面积为 1388.51 km^2，单位面积碳储量 220.01 t/hm^2。2010 年研究区滨海湿地单位面积碳储水平低于辽河三角洲和渤海湾沿岸滨海湿地。

2013 年研究区湿地植被与土壤碳储量合计为 4.0729 Tg，面积 611.9 km^2，单位面积碳储量 66.56 t/hm^2。原一荃（2021）利用实测碳含量数据结合遥感解译模型反演的方法估算，2013 年长江口潮沟体系湿地植被与土壤的碳储量为 0.00149 Tg，面积为 0.42 km^2，单位面积碳储量为 35.56 t/hm^2。相较于长江口的潮沟体系的碳储量研究区的碳储量处于较高水平。

2015 年研究区湿地植被与土壤碳储量合计为 4.163 Tg，面积 622.1 km^2，单位面积碳储量 66.91 t/hm^2。赵宁（2020）利用模型估算 2015 年渤海湾沿岸滨海湿地与滩涂碳储量为 27.1906 Tg，面积为 1235.98 km^2，单位面积碳储量 219.99 t/hm^2，与之相比，研究区碳储量处于较低水平。

2020 年研究区湿地植被与土壤碳储量合计为 4.131 Tg，面积 607.1 km^2，单位面积碳储量 68.04 t/hm^2。张雪等（2022）利用实测碳密度数据结合 InVEST 模型估算 2019 年胶州湾滨海湿地的碳储量为 3213 Tg。陈雅慧等（2023）利用遥感解译与采样实测碳含量数据相结合的方法估算 2021 年乐清湾互花米草湿地的碳储量为 0.345 Tg，面积 33.528 km^2，单位面积碳储量为 102.97 t/hm^2。周金戈等（2022）利用文献搜集法得到 2022 年中国盐沼湿地碳储量为 7.5 Tg，面积 1270~3430 km^2，单位面积碳储量 21.87~59.06 t/hm^2。2020 年研究区的碳储量低于乐清湾互花米草盐沼水平，单位面积碳储量高于全国平均水平。

表 3-6　研究区滨海湿地碳储量

年份	面积/km²	总碳储量/Tg	单位面积碳储量/(t/hm²)
1980	1097.9	6.988273	63.65
1990	659.8	4.585516	69.50
1995	632.7	4.948477	78.21
2000	547.5	4.296012	78.47
2005	525.6	4.143389	78.83
2010	542.5	4.129188	76.11
2013	611.9	4.072862	66.56
2015	622.1	4.162655	66.91
2018	757.8	4.372434	57.70
2020	607.1	4.130710	68.04

3.6　小结

津冀滨海湿地1980—2020年碳储量在4.073～6.988 Tg,湿地植被碳储量在0.237～0.428 Tg,湿地土壤碳储量在3.827～6.561 Tg。与其他人相关研究结果对比:1995年、2010年、2018年植被碳储量小于同时间盐城、山东的滨海湿地植被碳储量;1980年、1995年、2000年、2005年、2013年土壤碳储量较天津、山东、盐城、辽宁的土壤碳储量处于更高水平。

第 4 章

津冀滨海湿地1980—2020年土地利用演变特征

第4章　津冀滨海湿地 1980—2020 年土地利用演变特征

土地利用是一个把土地的自然生态系统变为人工生态系统的过程，是自然、经济、社会诸因素综合作用的过程，其中社会生产方式往往对土地利用起决定作用，它是人类对土地自然属性的利用方式和利用状况，包含着人类利用土地的目的和意图，是一种人类活动。近几十年来在社会经济高速发展的推动下，人口、经济和土地利用的变化是城市化过程中最显著的特征，频繁的人类活动在很大程度上已经对区域生态系统碳储量构成巨大威胁。土地利用变化是代表人类活动的重要指标，能够影响土地的结构和功能，是碳储量变化的重要因素(曾豪，2017)。大多数有机碳最终以沉积储存的形式形成碳库。有机物沉积储存主要受以下几方面的影响：初级生产力因素，决定了有机碳的来源；沉积环境和水动力条件，影响沉积物中有机碳的含量；沉积物的物性因素，影响有机质的埋藏效率；人类活动，影响输入海洋的陆源有机物含量(赫晓慧 等，2022)。

4.1　数据来源

土地利用数据来源于中国科学院地理科学与资源研究所的中国多时期土地利用遥感监测数据，分辨率为 30 m。该数据以美国陆地卫星 Landsat 遥感影像为主信息源，通过人工目视解译建立。选择 1980 年、1990 年、1995 年、2000 年、2005 年、2010 年、2013 年、2015 年、2018 年、2020 年 10 期数据。该数据根据土地资源与利用性质，数据分为耕地、林地、草地、水域、建设用地和未利用地 6 个一级地类，根据土地资源的自然属性又分为 25 个二级类型。

4.2　土地利用时空变化特征

4.2.1　结构变化

在 ArcGIS 软件中将按沿海区县剪裁好的土地利用数据，按照研究需要将盐碱地、沼泽地重分类为盐碱沼泽地，其余地类重分类为一级地类，并使用面积制表工具统计不同年份各地类面积，结果见表 4-1 和图 4-1。

1980—2020 年耕地一直是研究区的主要土地利用类型。水域是 1980—2010 年占比第二的土地利用类型，其次为建设用地。2010 年之后建设用地的占比超过水域，成为第二主要的土地利用类型。林地、草地、水域的面积在整个研究年份中变化均不大。盐碱沼泽面积从 1980—1990 年减小较大，其余年份的面积占比在 2.4% 附近波动。滩涂面积从 1980—2005 年呈减小趋势，2005—2018 年逐步上升，2018—2020 年面积略有下降。1980—2000 年海洋面积占比较大且波动不大，从 2000 年开始面积开始减小，2018 年海洋面积最小，2018 年之后开始增加。

◆ 津冀滨海湿地 1980—2020 年碳储量演变特征及其驱动因素分析

表 4-1 1980—2020 年各地类面积统计表

单位：km²

	1980年	1990年	1995年	2000年	2005年	2010年	2013年	2015年	2018年	2020年
耕地	10091	9596.1	9231.2	9141.2	8873.2	8601.6	8494.2	8375.5	8342.7	8262.9
林地	712.7	719.6	729.5	727.1	747.7	760	771	768.9	765.8	761.7
草地	432.9	382.9	384.9	383.4	386.2	417.6	438.9	453.8	450.5	457.2
水域	1850	2698.5	2873.2	2963.1	2998.7	3036.6	2976.7	2928.3	2852.1	2808.2
建设用地	1572.9	1641.4	1862.7	1953.5	2296.1	2922.4	3242.7	3421.1	3485.8	3653.6
未利用地	3.6	10	10	10	10	10	10.4	10.4	10.4	16.5
盐沼	678	458.6	512.7	445.5	430.2	424.5	401.5	411.1	408.3	410.2
滩涂	419.9	201.2	120	102	95.4	118	210.4	211	349.5	196.9
海洋	982.2	1035	1019.2	1017.4	905.9	452.5	197.5	163.1	78.1	176.1
总计	16743.2	16743.3	16743.3	16743.3	16743.3	16743.3	16743.3	16743.3	16743.3	16743.3

第 4 章 津冀滨海湿地 1980—2020 年土地利用演变特征

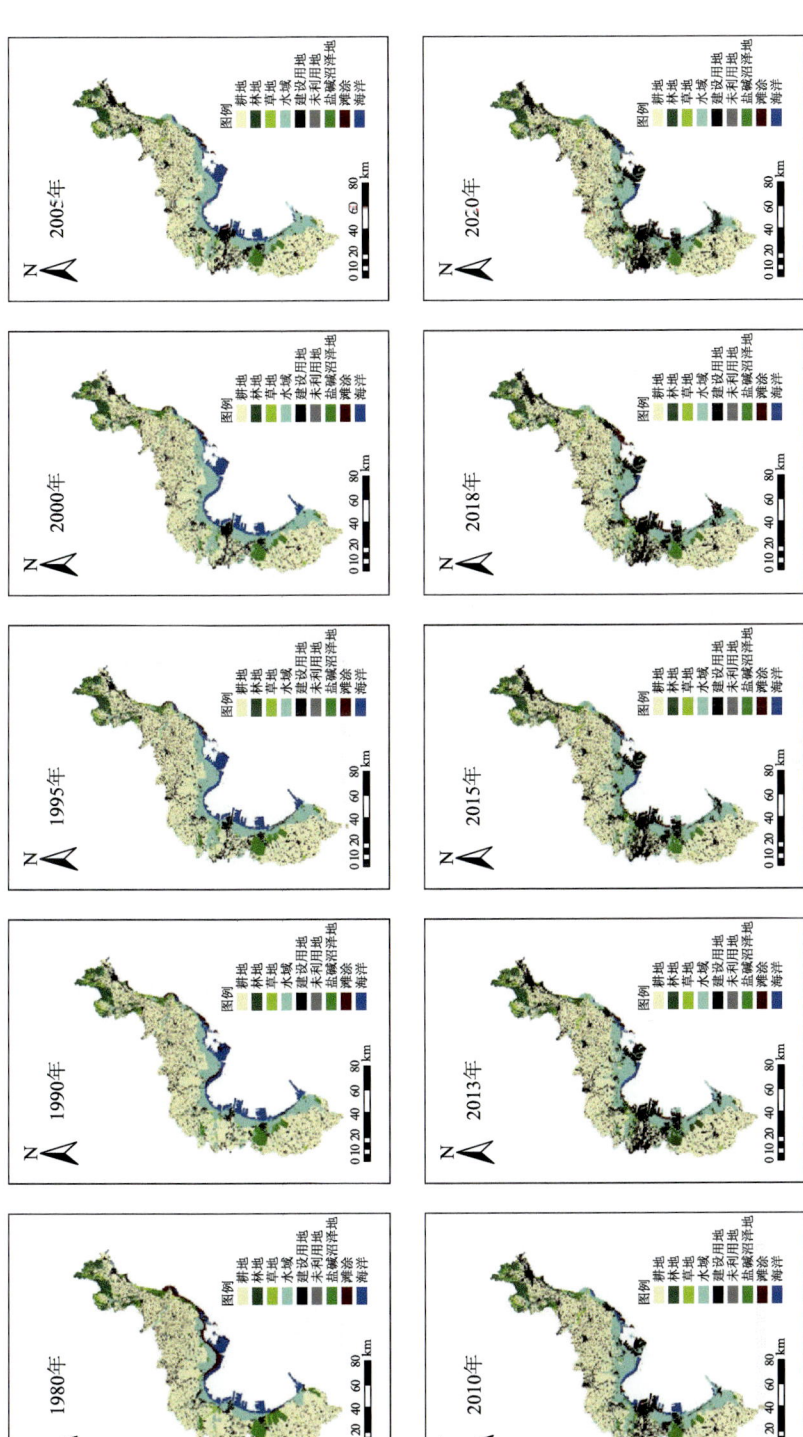

图 4-1 1980—2020 年期间 10 个年份土地利用分布图

4.2.2 土地利用转移矩阵

土地利用转移矩阵可以在反映研究期初、研究期末土地利用结构的同时,描述各种土地利用类型间的相互转化情况,从而明确区域内研究期末各土地利用类型的构成来源。其模型公式为

$$P_{ij} = \frac{S_{ij}}{\sum_{i=1}^{n}\sum_{j=1}^{n}S_{ij}}$$

式中:P_{ij} 为研究期初至研究期末 i 类土地利用类型向 j 类土地利用类型转换的概率,S_{ij} 为研究期初至研究期末 i 类土地利用类型向 j 类土地利用类型转换的面积。

4.2.2.1 研究区域1980—1990年土地利用转移矩阵

见表4-2数据,1980年盐沼面积678.0km²,到1990年有441.2 km²维持盐沼的利用类型,占比65.1%。1990年盐沼面积为458.6 km²,盐沼面积减小219.5 km²。盐沼面积减小部分占1980年湿地面积的32.4%。有223.1 km²的盐沼变为水域,是盐沼地利用类型中变化最大的部分,盐沼转出面积水域＞未利用地＞耕地＞建设用地＞林地。1980—1990年有15.767 km²的耕地化为盐沼地,是盐沼地转入的主要类型。盐沼转入面积耕地＞滩涂＞水域。

1980年滩涂面积为419.9 km²,到1990年有173.3 km²维持滩涂的利用类型,占比41.3%。1990年滩涂面积为201.2 km²,滩涂面积减小218.7 km²。滩涂面积减小部分占1980年滩涂面积的52.1%。有166.7 km²的滩涂变为水域,是滩涂利用类型中变化最大的部分,滩涂转出面积水域＞海洋＞草地＞盐沼＞建设用地。1980—1990年有27.9 km²的海洋转化为滩涂。

1980年海洋面积982.2 km²,到1990年有948.7 km²维持海洋的利用类型,占比96.6%。1990年海洋面积为1035 km²,海洋面积增大52.8 km²。海洋面积增大部分占1980年海洋面积的5.4%。有27.9 km²的海洋变为滩涂,是海洋利用类型中变化最大的部分,海洋转出面积滩涂＞水域＞建设用地。1980—1990年有68.4 km²的滩涂转化为海洋。海洋转入面积滩涂＞水域＞耕地。

表4-2　1980—1990年研究区土地利用转移矩阵　　　　　单位:km²

1980年	1990年									
	耕地	林地	草地	水域	建设用地	未利用地	盐沼	滩涂	海洋	总计
耕地	9571.4	0.9	0.1	421.2	74.9		15.8		6.7	10091.0
林地		712.7								712.7
草地			371.2	59.9	1.8					432.9
水域	21.1	5.4	2.2	1797.2	12.3		0.5		11.2	1850.0
建设用地					27.0	1545.9				1572.9

第4章 津冀滨海湿地 1980—2020 年土地利用演变特征

续表

1980年	1990年									
	耕地	林地	草地	水域	建设用地	未利用地	盐沼	滩涂	海洋	总计
未利用地						3.6				3.6
盐沼	3.7	0.5		223.1	3.1	6.4	441.2			678.0
滩涂			9.3	166.7	1.1		1.1	173.3	68.4	419.9
海洋				3.4	2.3			27.9	948.7	982.2
总计	9596.1	719.6	382.9	2698.5	1641.4	10.0	458.6	201.2	1035.0	16743.3

4.2.2.2 研究区 1990—1995 年土地利用转移矩阵

见表 4-3 数据,1990 年盐沼面积为 458.6 km²,到 1995 年有 445.9 km² 维持盐沼的利用类型,占比 97.2%。1995 年盐沼面积为 512.7 km²,盐沼面积增大 54.1 km²。盐沼面积减小部分占 1990 年湿地面积的 11.8%。有 8.5 km² 的盐沼变为建设用地,是盐沼利用类型中变化最大的部分,盐沼转出面积建设用地>水域。1990—1995 年有 51.9 km² 的水域化为盐沼地,是盐沼地转入的主要类型。盐沼转入面积水域>耕地>建设用地>草地。

1990 年滩涂面积为 201.2 km²,到 1995 年有 102.7 km² 维持滩涂的利用类型,占比 51.1%。1995 年滩涂面积为 120 km²,滩涂面积减小 81.2 km²。滩涂面积减小部分占 1990 年滩涂面积的 40.4%。有 52 km² 的滩涂变为水域,是滩涂利用类型中变化最大的部分,滩涂转出面积水域>海洋>建设用地>草地。1990—1995 年有 15.8 km² 的海洋转化为滩涂。滩涂转入面积海洋>水域。

1990 年海洋面积 1035 km²,到 1995 年有 973.3 km² 维持海洋的利用类型,占比 94%。1995 年海洋面积为 1019.2 km²,海洋面积减少 15.8 km²。海洋面积减少部分占 1990 年海洋面积的 1.5%。有 38.6 km² 的海洋变为水域,是海洋利用类型中变化最大的部分,海洋转出面积水域>滩涂>建设用地。1990—1995 年有 45.318 km² 的滩涂转化为海洋。海洋转入面积滩涂>建设用地。

表 4-3 1990—1995 年研究区土地利用转移矩阵　　　　单位:km²

1990年	1995年									
	耕地	林地	草地	水域	建设用地	未利用地	盐沼	滩涂	海洋	总计
耕地	9186.1	7.6	7.0	204.1	176.7		14.7			9596.1
林地		718.7	0.3	0.3	0.2					719.6
草地		3.1	375.4	3.9	0.4		0.1			382.9
水域	42.6		0.2	2565.6	36.8		51.9	1.4		2698.5
建设用地	2.6	0.1	1.9	4.6	1631.5		0.1		0.6	1641.4
未利用地						10.0				10.0

续表

1990年	1995年									
	耕地	林地	草地	水域	建设用地	未利用地	盐沼	滩涂	海洋	总计
盐沼				4.1	8.5		445.9			458.6
滩涂			0.1	52.0	1.1			102.7	45.3	201.2
海洋				38.6	7.4			15.8	973.3	1035.0
总计	9231.2	729.5	384.9	2873.2	1862.7	10.0	512.7	120.0	1019.2	16743.3

4.2.2.3 研究区1995—2000年土地利用转移矩阵

见表4-4数据,1995年盐沼面积为512.7 km², 到2000年有445.4 km² 维持盐沼的利用类型,占比86.9%。2000年盐沼面积为445.5 km², 盐沼面积减小67.2 km²。盐沼面积减小部分占1995年湿地面积的13.1%。有57.8 km² 的盐沼变为水域,是盐沼利用类型中变化最大的部分,盐沼转出面积水域>耕地>建设用地>草地。

1995年滩涂面积为120 km², 到2000年有98 km² 维持滩涂的利用类型,占比81.7%。2000年滩涂面积为102 km², 滩涂面积减小18 km²。滩涂面积减小部分占1995年滩涂面积的15%。有18 km² 的滩涂变为水域,是滩涂利用类型中变化最大的部分,滩涂转出面积水域>海洋。1995—2000年有2.8 km² 的水域转化为滩涂。滩涂转入面积水域>海洋。

1995年海洋面积为1019.2 km², 到2000年有1013.4 km² 维持海洋的利用类型,占比99.4%。2000年海洋面积为1017.4 km², 海洋面积减小1.8 km²。海洋面积减小部分占1995年海洋面积的0.2%。有4.6 km² 的海洋变为建设用地,是海洋利用类型中变化最大的部分,海洋转出面积建设用地>滩涂。1995—2000年有3.9 km² 的滩涂转化为海洋。

表4-4　1995—2000年研究区土地利用转移矩阵　　　　单位:km²

1995年	2000年									
	耕地	林地	草地	水域	建设用地	未利用地	盐沼	滩涂	海洋	总计
耕地	9121.3			57.5	52.4					9231.2
林地		726.1			3.4					729.5
草地			380.5	1.7	2.6					384.9
水域	11.2	0.3	2.8	2828.1	27.9			2.8		2873.2
建设用地	0.4	0.7			1861.6					1862.7
未利用地						10.0				10.0
盐沼	8.3		0.1	57.8	1.0		445.4			512.7
滩涂				18.0				98.0	3.9	120.0

续表

1995 年	2000 年									
	耕地	林地	草地	水域	建设用地	未利用地	盐沼	滩涂	海洋	总计
海洋					4.6			1.2	1013.4	1019.2
总计	9141.2	727.1	383.4	2963.1	1953.5	10.0	445.5	102.0	1017.4	16743.3

4.2.2.4 研究区 2000—2005 年土地利用转移矩阵

见表 4-5 数据，2000 年盐沼面积为 445.5 km²，到 2005 年有 429.8 km² 维持盐沼的利用类型，占比 96.5%。2005 年盐沼面积为 430.2 km²，盐沼面积减小 15.3 km²。盐沼面积减小部分占 2000 年湿地面积的 3.4%。有 15.4 km² 的盐沼变为水域，是盐沼利用类型中变化最大的部分，盐沼转出面积水域＞草地。2000—2005 年有 0.4 km² 的水域化为盐沼地。

2000 年滩涂面积为 102 km²，到 2005 年有 59.9 km² 维持滩涂的利用类型，占比 58.7%。2005 年滩涂面积为 95.4 km²，滩涂面积减小 6.6 km²。滩涂面积减小部分占 2000 年滩涂面积的 6.5%。有 24.9 km² 的滩涂变为水域，是滩涂利用类型中变化最大的部分，滩涂转出面积水域＞海洋＞建设用地＞林地。2000—2005 年有 35.1 km² 的海洋转化为滩涂。滩涂转入面积海洋＞水域。

2000 年海洋面积为 1017.4 km²，到 2005 年有 891.7 km² 维持海洋的利用类型，占比 87.6%。2005 年海洋面积为 905.9 km²，海洋面积减小 111.5 km²。海洋面积减小部分占 2000 年海洋面积的 11%。有 69.5 km² 的海洋变为水域，是海洋利用类型中变化最大的部分，海洋转出面积水域＞滩涂＞建设用地。2000—2005 年有 11.5 km² 的滩涂转化为海洋。海洋转入面积滩涂＞水域。

表 4-5 2000—2005 年研究区土地利用转移矩阵　　　　　单位：km²

2000 年	2005 年									
	耕地	林地	草地	水域	建设用地	未利用地	盐沼	滩涂	海洋	总计
耕地	8857.7	3.9		38.9	240.7					9141.2
林地		725.7			1.4					727.1
草地		13.5	356.6	11.1	2.2					383.4
水域	13.6	4.4	29.2	2839.0	73.5		0.4	0.4	2.6	2963.1
建设用地	1.9				1951.6					1953.5
未利用地						10.0				10.0
盐沼			0.3	15.4			429.8			445.5
滩涂		0.2		24.9	5.5			59.9	11.5	102.0
海洋				69.5	21.1			35.1	891.7	1017.4
总计	8873.2	747.7	386.2	2998.7	2296.1	10.0	430.2	95.4	905.9	16743.3

4.2.2.5 研究区2005—2010年土地利用转移矩阵

见表4-6数据,2005年盐沼面积为430.2 km²,到2010年有409.7 km²维持盐沼的利用类型,占比95.2%。2010年盐沼面积为424.5 km²,盐沼面积减小5.7 km²。盐沼面积减小部分占2005年湿地面积的1.3%。有14.9 km²的盐沼变为水域,是盐沼利用类型中变化最大的部分,盐沼转出面积水域>草地>建设用地。2005—2010年有11.8 km²的水域化为盐沼地。盐沼地转入面积水域>海洋>建设用地>耕地。

2005年滩涂面积为95.4 km²,到2010年有68.8 km²维持滩涂的利用类型,占比72.1%。2010年滩涂面积为118 km²,滩涂面积增大22.6 km²。滩涂面积增加部分占2005年滩涂面积的23.7%。有20.1 km²的滩涂变为建设用地,是滩涂利用类型中变化最大的部分,滩涂转出面积建设用地>水域。2005—2010年有49 km²的海洋转化为滩涂。滩涂转入面积海洋>水域。

2005年海洋面积905.9 km²,到2010年有451.5 km²维持海洋的利用类型,占比49.8%。2010年海洋面积为452.5 km²,海洋面积减小453.4 km²。海洋面积减小部分占2005年海洋面积的50%。有281.6 km²的海洋变为建设用地,是海洋利用类型中变化最大的部分,海洋转出面积建设用地>水域>滩涂>林地>盐沼>草地>耕地。2005—2010年有1.1 km²的水域转化为海洋。

表4-6 2005—2010年研究区土地利用转移矩阵　　　　　单位:km²

2005年	2010年									
	耕地	林地	草地	水域	建设用地	未利用地	盐沼	滩涂	海洋	总计
耕地	8592.0		7.5	98.6	174.9		0.2			8873.2
林地		747.2			0.5					747.7
草地			0.0	380.1	6.1					386.2
水域	9.0	9.2	23.8	2788.5	155.1		11.8	0.2	1.1	2998.7
建设用地	0.4	1.5	2.3	8.9	2281.7		1.3			2296.1
未利用地						10.0				10.0
盐沼			3.3	14.9	2.3		409.7			430.2
滩涂				6.5	20.1			68.8		95.4
海洋	0.2	2.1	0.6	119.4	281.6		1.5	49.0	451.5	905.9
总计	8601.6	760.0	417.6	3036.6	2922.4	10.0	424.5	118.0	452.5	16743.3

4.2.2.6 研究区2010—2013年土地利用转移矩阵

见表4-7数据,2010年盐沼面积为424.5 km²,到2013年有371.8 km²维持盐沼的利用类型,占比87.6%。2013年盐沼面积为401.5 km²,盐沼面积减小23.0 km²。盐沼面积减小部分占2010年盐沼面积的5.4%。有40.6 km²的盐沼变为水域,是盐沼利用类型中变化最大的部分,盐沼转出面积水域>林地>建设用地>耕地。

2010—2013 年有 27.4 km² 的水域化为盐沼地。盐沼地转入面积水域＞建设用地。

2010 年滩涂面积为 118 km²,到 2013 年有 92.7 km² 维持滩涂的利用类型,占比 78.6%。2013 年滩涂面积为 210.4 km²,滩涂面积增大 92.4 km²。滩涂面积增大部分占 2010 年滩涂面积的 78.3%。有 19.1 km² 的滩涂变为建设用地,是滩涂利用类型中变化最大的部分,滩涂转出面积建设用地＞水域＞草地＞海洋。2010—2013 年有 112.6 km² 的海洋转化为滩涂。滩涂转入面积海洋＞建设用地＞水域。

2010 年海洋面积为 452.5 km²,到 2013 年有 197.4 km² 维持海洋的利用类型,占比 43.6%。2013 年海洋面积为 197.5 km²,海洋面积减小 255 km²。海洋面积减小部分占 2010 年海洋面积的 56.4%。有 112.6 km² 的海洋变为滩涂,是海洋利用类型中变化最大的部分,海洋转出面积滩涂＞水域＞建设用地＞草地＞耕地＞盐沼。2010—2013 年有 0.1 km² 的滩涂转化为海洋。

表 4-7　2010—2013 年研究区土地利用转移矩阵　　　　　单位:km²

2010 年	2013 年									
	耕地	林地	草地	水域	建设用地	未利用地	盐沼	滩涂	海洋	总计
耕地	8466.5		0.5		134.6					8601.6
林地		758.1			2.0					760.0
草地	0.5		412.5	0.4	4.2					417.6
水域	17.5	2.7	15.8	2827.9	143.5	0.5	27.4	1.4		3036.6
建设用地	7.6	3.9	5.6	3.3	2895.9		2.3	3.7		2922.4
未利用地						10.0				10.0
盐沼	2.0	6.3		40.6	3.8		371.8			424.5
滩涂			2.5	3.7	19.1			92.7	0.1	118.0
海洋	0.1		1.9	100.8	39.7			112.6	197.4	452.5
总计	8494.2	771.0	438.9	2976.7	3242.7	10.4	401.5	210.4	197.5	16743.3

4.2.2.7　研究区 2013—2015 土地利用转移矩阵

见表 4-8 数据,2013 年盐沼面积为 401.5 km²,到 2015 年有 395.3 km² 维持盐沼的利用类型,占比 98.5%。2015 年盐沼面积为 411.1 km²,盐沼面积增大 9.6 km²。盐沼面积增大部分占 2013 年盐沼面积的 2.4%。有 5.8 km² 的盐沼变为水域,是盐沼利用类型中变化最大的部分,盐沼转出面积水域＞耕地。2013—2015 年有 8.1 km² 的水域化为盐沼地。盐沼地转入面积水域＞滩涂＞建设用地。

2013 年滩涂面积为 210.4 km²,到 2015 年有 183 km² 维持滩涂的利用类型,占比 87.0%。2015 年滩涂面积为 211 km²,滩涂面积增大 0.6 km²。滩涂面积增大部分占 2013 年滩涂面积的 0.3%。有 8.7 km² 的滩涂变为建设用地,是滩涂利用类型中变化最大的部分,滩涂转出面积建设用地＞水域＞盐沼＞海洋。2013—2015 年有

17.2 km² 的海洋转化为滩涂。滩涂转入面积海洋＞水域。

2013 年海洋面积为 197.5 km²，到 2015 年有 157.2 km² 维持海洋的利用类型，占比 79.6%。2015 年海洋面积为 163.1 km²，海洋面积减小 34.4 km²。海洋面积减小部分占 2013 年海洋面积的 17.4%。有 22.1 km² 的海洋变为水域，是海洋利用类型中变化最大的部分，海洋转出面积水域＞滩涂＞建设用地。2013—2015 年有 5.4 km² 的滩涂转化为海洋。海洋转入面积滩涂＞水域。

表 4-8 2013—2015 年研究区土地利用转移矩阵   单位：km²

2013年	2015年									
	耕地	林地	草地	水域	建设用地	未利用地	盐沼	滩涂	海洋	总计
耕地	8369.0		1.9	55.7	67.7					8494.2
林地		768.9			2.1					771.0
草地			423.7	9.4	5.8					438.9
水域	0.4		24.4	2819.3	113.1		8.1	10.8	0.5	2976.7
建设用地	5.8		3.8	9.5	3222.6		1.0			3242.7
未利用地						10.4				10.4
盐沼	0.4			5.8			395.3			401.5
滩涂				6.7	8.7		6.6	183.0	5.4	210.4
海洋				22.1	1.1			17.2	157.2	197.5
总计	8375.5	768.9	453.8	2928.3	3421.1	10.4	411.1	211.0	163.1	16743.3

4.2.2.8 研究区 2015—2018 年土地利用转移矩阵

见表 4-9 数据，2015 年盐沼面积为 411.1 km²，到 2018 年有 396.8 km² 维持盐沼的利用类型，占比 96.5%。2018 年盐沼面积为 408.3 km²，盐沼面积减小 2.8 km²。盐沼面积减小部分占 2015 年盐沼面积的 0.7%。有 14 km² 的盐沼变为水域，是盐沼利用类型中变化最大的部分，盐沼转出面积水域＞建设用地。2015—2018 年有 11.5 km² 的水域化为盐沼地。

2015 年滩涂面积为 211.0 km²，到 2018 年有 210.4 km² 维持滩涂的利用类型，占比 99.7%。2018 年滩涂面积为 349.5 km²，滩涂面积增大 138.5 km²。滩涂面积增大部分占 2015 年滩涂面积的 65.6%。有 0.6 km² 的滩涂变为水域。2015—2018 年有 82.9 km² 的海洋转化为滩涂。滩涂转入面积海洋＞水域。

2015 年海洋面积为 163.1 km²，到 2018 年有 78.1 km² 维持海洋的利用类型，占比 48.9%。2018 年海洋面积为 78.1 km²，海洋面积减小 85 km²。海洋面积减小部分占 2015 年海洋面积的 52.1%。有 82.9 km² 的海洋变为滩涂，是海洋利用类型中变化最大的部分，海洋转出面积滩涂＞水域。

第4章 津冀滨海湿地1980—2020年土地利用演变特征

表4-9 2015—2018年研究区土地利用转移矩阵　　　　　　　　单位：km²

2015年	2018年									
	耕地	林地	草地	水域	建设用地	未利用地	盐沼	滩涂	海洋	总计
耕地	8342.3	0.0	0.0	5.0	28.2					8375.5
林地		765.8		0.0	3.2					768.9
草地			450.5	0.6	2.7					453.8
水域	0.5		0.0	2825.1	35.1		11.5	56.2		2928.3
建设用地				4.7	3416.4					3421.1
未利用地						10.4				10.4
盐沼				14.0	0.2		396.8			411.1
滩涂				0.6				210.4		211.0
海洋				2.0				82.9	78.1	163.1
总计	8342.7	765.8	450.5	2852.1	3485.8	10.4	408.3	349.5	78.1	16743.3

4.2.2.9 研究区2018—2020年土地利用转移矩阵

见表4-10数据，2018年盐沼面积为408.3 km²，到2020年有378.9 km²维持盐沼的利用类型，占比92.8%。2020年盐沼面积为410.2 km²，盐沼面积增大1.9 km²。盐沼面积增大部分占2018年盐沼面积的0.5%。有16.9 km²的盐沼变为建设用地，是盐沼利用类型中变化最大的部分，盐沼转出面积建设用地＞水域＞草地。2018—2020年有16.8 km²的建设用地化为盐沼地。盐沼转入面积建设用地＞耕地＞水域。

表4-10 2018—2020年研究区土地利用转移矩阵　　　　　　　　单位：km²

2018年	2020年									
	耕地	林地	草地	水域	建设用地	未利用地	盐沼	滩涂	海洋	总计
耕地	8241.5	0.7	1.3	8.7	82.7		7.8			8342.7
林地	0.8	758.2	1.4	0.1	5.4					765.8
草地	0.8	0.2	439.3	1.9	8.2					450.5
水域	3.4	0.1	8.4	2723.5	99.2	6.2	6.6	4.2	0.5	2852.1
建设用地	16.5	2.5	4.7	15.2	3430.2		16.8			3485.8
未利用地			0.1			10.3				10.4
盐沼			1.9	10.5	16.9		378.9			408.3
滩涂				48.3	11.1			192.7	97.4	349.5
海洋									78.1	78.1
总计	8262.9	761.7	457.2	2808.1	3653.6	16.5	410.2	196.9	176.0	16743.2

2018年滩涂面积为349.5 km²，到2020年有192.7 km²维持滩涂的利用类型，占比55.1%。2020年滩涂面积为196.9 km²，滩涂面积减小152.6 km²。滩涂面积减小部分占2018年滩涂面积的43.7%。有97.4 km²的滩涂变为海洋。滩涂转出

面积海洋＞水域＞建设用地。2018—2020 年有 78.1 km² 的海洋转化为滩涂。滩涂转入面积海洋＞水域。

2018 年海洋面积为 78.1 km²，2018—2020 年有 97.4 km² 的滩涂变为海洋，以及 0.5 km² 水域转换为海洋，2020 年海洋面积 176.0 km²，2018—2020 年海洋面积增大 97.9 km²，占 2018 年海洋面积的 125.3%。

4.3 近 40 年土地利用演变特征

研究区域近 40 年内土地利用演变如图 4-2 所示。研究区耕地面积占比最大，其次是水域和建设用地，未利用地占比最小，其次是滩涂。1980—2020 年研究区域面积增加的土地利用类型有建设用地、水域、林地、草地和未利用地，分别增加 1601.4 km²、958.1 km²、49 km²、24.3 km² 和 12.9 km²；而耕地、盐沼地、滩涂、海洋面积均减小，分别减小 1596.8 km²、267.8 km²、223 km² 和 806.1 km²。面积增长最为明显的是建设用地，减小最为明显的是海洋。

从土地利用转化的特征分析，重点关注盐沼、滩涂和海洋 1980—2020 年的演变特征。由图 4-2 可得 1980 年盐沼面积为 678.0 km²，到 1990 年有 441.2 km² 维持盐沼的利用类型，占比 65.1%。1980—1990 年盐沼面积减小 219.5 km²。1980 年滩涂面积 419.9 km²，到 1990 年有 173.3 km² 维持滩涂的利用类型，占比 41.3%。1980 年海洋面积 982.3 km²，到 1990 年有 948.7 km² 维持海洋的利用类型，占比 96.6%。由表 4-11 可得滨海湿地与其他土地利用类型相互转化特征。1980—1990 年盐沼和滩涂均转出面积大于转入面积，盐沼和滩涂大部分转为水域。海洋则为转入面积大于转出面积，海洋主要是由滩涂转入。1995—2020 年盐沼、滩涂和海洋维持面积逐渐减小，盐沼主要转变为水域，滩涂转变为建设用地和水域，海洋则转变为建设用地和滩涂。在此过程中盐沼与水域相互转化，海洋与滩涂相互转化。

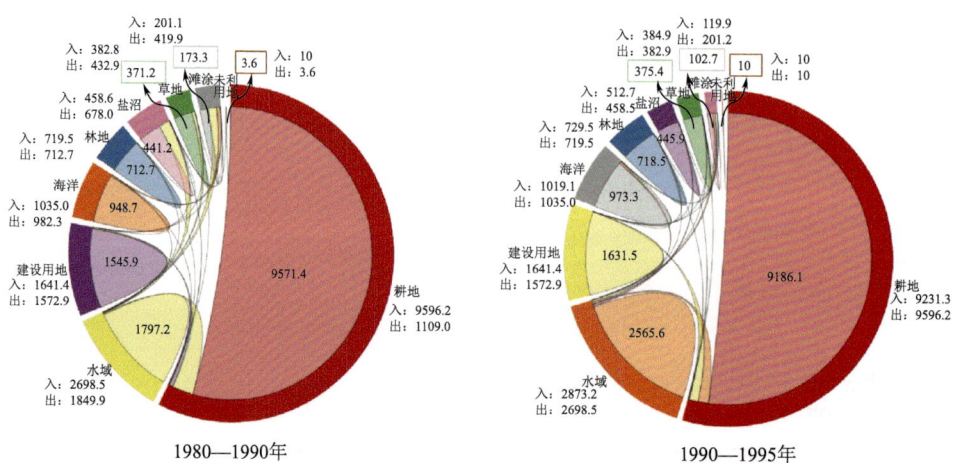

第 4 章 津冀滨海湿地 1980—2020 年土地利用演变特征

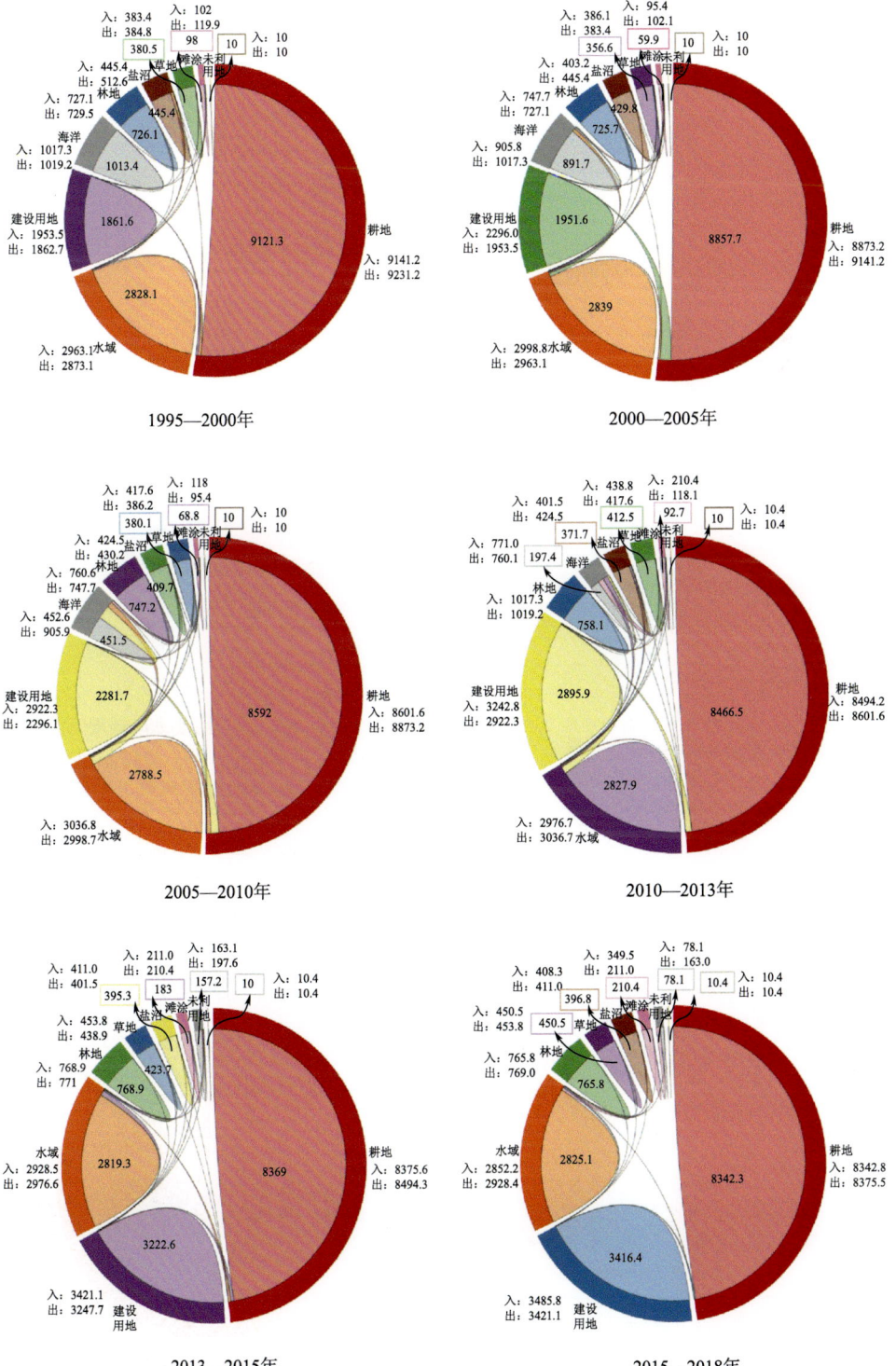

津冀滨海湿地 1980—2020 年碳储量演变特征及其驱动因素分析

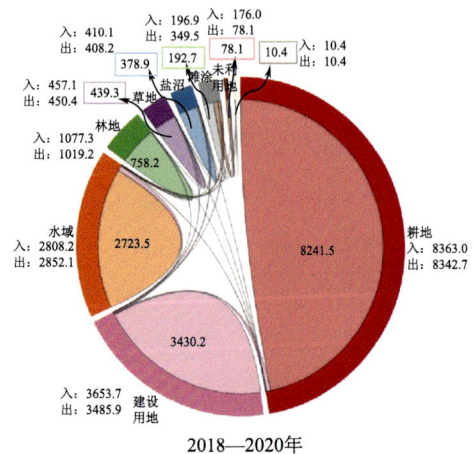

2018—2020年

图 4-2 研究区域 1980—2020 年土地利用变化（"入"表示前时期该土地利用类型的面积，"出"表示后时期的面积，环内表示维持该土地利用类型的面积，单位：km^2）

表 4-11 滨海湿地 1980—2020 年土地转换

时间		盐沼	滩涂	海洋
1980—1990 年	转出	223.1 km^2 的盐沼变为水域，是盐沼地利用类型中变化最大的部分，盐沼转出面积水域＞未利用地＞耕地＞建设用地＞林地	166.7 km^2 的滩涂变为水域，是滩涂利用类型中变化最大的部分，滩涂转出面积水域＞海洋＞草地＞盐沼＞建设用地	27.9 km^2 的海洋变为滩涂，是海洋利用类型中变化最大的部分，海洋转出面积滩涂＞水域＞建设用地
	转入	15.767 km^2 的耕地化为盐沼地，是盐沼地主要转入的主要类型。盐沼转入面积耕地＞滩涂＞水域	27.9 km^2 的海洋转化为滩涂	68.4 km^2 的滩涂转化为海洋，海洋转入面积滩涂＞水域＞耕地
1990—1995 年	转出	8.5 km^2 的盐沼变为建设用地，是盐沼利用类型中变化最大的部分，盐沼转出面积建设用地＞水域	52 km^2 的滩涂变为水域，是滩涂利用类型中变化最大的部分，滩涂转出面积水域＞海洋＞建设用地＞草地	38.6 km^2 的海洋变为水域，是海洋利用类型中变化最大的部分，海洋转出面积水域＞滩涂＞建设用地
	转入	51.9 km^2 的水域化为盐沼地，是盐沼地主要转入的主要类型。盐沼转入面积水域＞耕地＞建设用地＞草地	15.8 km^2 的海洋转化为滩涂，滩涂转入面积海洋＞水域	45.318 km^2 的滩涂转化为海洋，海洋转入面积滩涂＞建设用地

第 4 章 津冀滨海湿地 1980—2020 年土地利用演变特征

续表

时间		盐沼	滩涂	海洋
1995—2000 年	转出	57.8 km² 的盐沼变为水域,是盐沼利用类型中变化最大的部分,盐沼转出面积水域＞耕地＞建设用地＞草地	18 km² 的滩涂变为水域,是滩涂利用类型中变化最大的部分,滩涂转出面积水域＞海洋	4.6 km² 的海洋变为建设用地,是海洋利用类型中变化最大的部分,海洋转出面积建设用地＞滩涂
	转入	无	2.8 km² 的水域转化为滩涂,滩涂转入面积水域＞海洋	3.9 km² 的滩涂转化为海洋
2000—2005 年	转出	15.4 km² 的盐沼变为水域,是盐沼利用类型中变化最大的部分,盐沼转出面积水域＞草地	24.9 km² 的滩涂变为水域,是滩涂利用类型中变化最大的部分,滩涂转出面积水域＞海洋＞建设用地＞林地	69.5 km² 的海洋变为水域,是海洋利用类型中变化最大的部分,海洋转出面积水域＞滩涂＞建设用地
	转入	0.4 km² 的水域化为盐沼地	35.1 km² 的海洋转化为滩涂,滩涂转入面积海洋＞水域	11.5 km² 的滩涂转化为海洋,海洋转入面积滩涂＞水域
2005—2010 年	转出	14.9 km² 的盐沼变为水域,是盐沼利用类型中变化最大的部分,盐沼转出面积水域＞草地＞建设用地	20.1 km² 的滩涂变为建设用地,是滩涂利用类型中变化最大的部分,滩涂转出面积建设用地＞水域	281.6 km² 的海洋变为建设用地,是海洋利用类型中变化最大的部分,海洋转出面积建设用地＞水域＞滩涂＞林地＞盐沼＞草地＞耕地
	转入	11.8 km² 的水域化为盐沼地,盐沼地转入面积水域＞海洋＞建设用地＞耕地	49 km² 的海洋转化为滩涂,滩涂转入面积海洋＞水域	1.1 km² 的水域转化为海洋
2010—2013 年	转出	40.6 km² 的盐沼变为水域,是盐沼利用类型中变化最大的部分,盐沼转出面积水域＞林地＞建设用地＞耕地	19.1 km² 的滩涂变为建设用地,是滩涂利用类型中变化最大的部分,滩涂转出面积建设用地＞水域＞草地＞海洋	112.6 km² 的海洋变为滩涂,是海洋利用类型中变化最大的部分,海洋转出面积滩涂＞水域＞建设用地＞草地＞耕地＞盐沼
	转入	27.4 km² 的水域化为盐沼地,盐沼地转入面积水域＞建设用地	112.6 km² 的海洋转化为滩涂,滩涂转入面积海洋＞建设用地＞水域	0.1 km² 的滩涂转化为海洋

津冀滨海湿地 1980—2020 年碳储量演变特征及其驱动因素分析

续表

时间		盐沼	滩涂	海洋
2013—2015 年	转出	5.8 km² 的盐沼变为水域,是盐沼利用类型中变化最大的部分,盐沼转出面积水域＞耕地	8.7 km² 的滩涂变为建设用地,是滩涂利用类型中变化最大的部分,滩涂转出面积建设用地＞水域＞盐沼＞海洋	22.1 km² 的海洋变为水域,是海洋利用类型中变化最大的部分,海洋转出面积水域＞滩涂＞建设用地
	转入	8.1 km² 的水域化为盐沼地,盐沼地转入面积水域＞滩涂＞建设用地	17.2 km² 的海洋转化为滩涂,滩涂转入面积海洋＞水域	5.4 km² 的滩涂转化为海洋,海洋转入面积滩涂＞水域
2015—2018 年	转出	14 km² 的盐沼变为水域,是盐沼利用类型中变化最大的部分,盐沼转出面积水域＞建设用地	0.6 km² 的滩涂变为水域	82.9 km² 的海洋变为滩涂,是海洋利用类型中变化最大的部分,海洋转出面积滩涂＞水域
	转入	11.5 km² 的水域化为盐沼地	82.9 km² 的海洋转化为滩涂,滩涂转入面积海洋＞水域	2 km² 转化为水域,82.9 km² 转化为滩涂
2018—2020 年	转出	16.9 km² 的盐沼变为建设用地,是盐沼利用类型中变化最大的部分,盐沼转出面积建设用地＞水域＞草地	97.4 km² 的滩涂变为海洋。滩涂转出面积海洋＞水域＞建设用地	无
	转入	16.8 km² 的建设用地化为盐沼地,盐沼转入面积建设用地＞耕地＞水域	78.1 km² 的海洋转化为滩涂,滩涂转入面积海洋＞水域	97.4 km² 的滩涂变为海洋,0.5 km² 水域转换为海洋,转入面积滩涂＞水域

第 5 章

津冀1980—2020年海岸线演变特征

第 5 章　津冀 1980—2020 年海岸线演变特征

海岸线是海洋和陆地之间的分界线,是近海环境要素的重要组成部分,也是地球重要的线性特征。影响海岸线变化的因素分为自然因素和人为因素,自然因素包括河流泥沙淤积、潮汐和波浪作用等,人为因素包括沿海的水产养殖、沿海城市扩张、港口和堤坝的修筑等。在全球海面上升和区域地面下沉的大背景下,海岸线的自然演化趋势应该是向陆蚀退,但是人类活动主导的岸线变化却表现为违反自然趋势的向海推进。

5.1　研究方法

5.1.1　海岸线提取

将遥感图像在 ENVI 中进行预处理,进行配准矫正、遥感融合,将融合好的影像,在 ArcGIS 中进行目视解译,提取 1980 年、1990 年、2000 年、2010 年、2020 年研究区的海岸线。

5.1.2　海岸线长度变化强度

海岸线长度变化强度是衡量海岸线长度随时间变化速率的差异。即用研究时期内海岸线长度的变化比值来表示:

$$\text{LCI}_{ij} = \frac{L_j - L_i}{L_i(j-i)} \times 100\%$$

式中:LCI_{ij} 为第 i 年到第 j 年海岸线长度的变化强度。L_i 和 L_j 分别为第 i 年和第 j 年海岸线长度,单位为 km。

LCI_{ij} 有正也有负,LCI_{ij} 为正表示岸线增长,LCI_{ij} 为负表示岸线缩短,$|\text{LCI}_{ij}|$ 越大,表示岸线变化强度越大。

5.2　结果与分析

5.2.1　各年份海岸线长度变化

1980 年、1990 年、2000 年、2010 年、2020 年 5 个不同时期秦皇岛、唐山、天津、沧州以及津冀海岸线长度见表 5-1。

秦皇岛市 1980 年海岸线长 107.97 km,1990 年岸线长度 115.05 km,2000 年岸线长度为 119.69 km。结合遥感影像可知,海岸线以自然岸线为主,1980—1990 年岸线长度变化主要由昌黎县南部滩涂的变化引起的,其余区域岸线变化不大。1990—2000 年长度变化主要由于海港区北部沿海区域填海造陆引起。2010 年秦皇岛市海岸线长 130.14 km,较 2000 年增加 10.45 km,主要由山海关区与海港区沿海北部填海造陆引起。2020 年秦皇岛市海岸线长 133.2 km,较 2010 年增加 3.063 km。2010—

表 5-1　不同城市海岸线长度表　　　　　　　　　单位:km

研究区域	时段	岸线长度
秦皇岛	1980	108.0
	1990	115.0
	2000	119.7
	2010	130.1
	2020	133.2
唐山市	1980	161.1
	1990	197.5
	2000	191.5
	2010	288.2
	2020	293.4
天津市	1980	121.4
	1990	134.4
	2000	134.8
	2010	274.1
	2020	313.2
沧州市	1980	50.9
	1990	68.7
	2000	57.0
	2010	67.2
	2020	126.0
津冀合计	1980	441.4
	1990	515.6
	2000	503.0
	2010	759.6
	2020	865.8

2020 年秦皇岛市岸线长度增加主要与山海关区沿海北部修建港口码头有关。

1980 年唐山市海岸线长 161.14 km,1990 年岸线长 197.46 km。结合遥感影像可知,岸线向陆一侧主要为耕地、坑塘。1980—1990 年唐山市岸线长度增加 36.322 km,主要与乐亭县沿海地区以及滦南县沿海东部坑塘扩张有关,在曹妃甸区中部有坑塘转化为自然地类。唐山市 2000 年海岸线长 191.50 km,虽然较 1990 年岸线长度变化不大,但岸线向海扩展。从 1980—2000 年可以看出,唐山市海岸线一直向海推进,主要是由于坑塘、养殖池等占用了滩涂与海洋。唐山市 2010 年海岸线长 288.24 km，较 2000 年增加了 96.74 km，主要与曹妃甸区沿海区域新建港口有关。2010—2020 年唐山市岸线长度变化不大。

1980 年天津市海岸线长 121.45 km，1990 年岸线长 134.42 km，2000 年天津市海岸线长 134.79 km。结合遥感影像可知，1980—1990 年天津市海岸线增加 12.98 km，主要与滨海新区沿海南部坑塘增加有关。1990—2000 年天津市海岸线变化不大。2010 年天津市岸线长 274.14 km，较 2000 年增加 139.35 km，主要与滨海新区沿岸填海造陆有关。2020 年天津市岸线长 313.25 km，较 2010 年增加 39.10 km，主要与滨海新区沿海局部地区填海造陆相关。

1980 年、1990 年、2000 年、2010 年、2020 年沧州市海岸线长度分别为 50.87 km、68.7 km、57 km、67.2 km、126.02 km。1980—1990 年沧州市岸线长度增长 17.83 km，主要与黄骅市沿岸填滩造陆有关，1990—2000 年岸线长度缩短了 11.696 km，岸线长度变化主要与黄骅市沿岸填滩造陆有关，虽然 2000 年岸线长度较 1990 年有所缩短，但由于人类占用滩涂、海洋，致使岸线一直向海推进。2000—2010 年、2010—2020 年沧州市海岸线长度分别增长 10.2 km、58.82 km，主要与黄骅市港口区域填海造陆有关。

1980 年、1990 年、2000 年、2010 年和 2020 年津冀海岸线长度分别为 441.4 km、515.6 km、503.0 km、759.6 km 和 865.8 km。1980—2020 年，研究区沿海的四个城市岸线长度一直呈增长趋势，整个研究区海岸线长度共增长了 424.4 km。其中秦皇岛市的岸线长度变化最小，天津市的岸线长度变化最大。1980—1990 年、1990—2000 年、2000—2010 年和 2010—2020 年津冀岸线长度变化强度分别为 1.68%、0.24%、5.10% 和 1.40%，表明 2000—2010 年是整个研究时段内，岸线长度变化最明显的时段。

综上结果表明，1980—2020 年这 40 年期间，津冀海岸线总长度呈现增长趋势，且以人为向海推进为主。2000 年以后，伴随海岸带大规模开发，岸线长度变化强度增大，至 2010 年后变化强度减弱，并逐渐趋于稳定。

5.2.2 海岸线附近面积变化情况

研究区海岸线附近人类活动频繁，坑塘、养殖池、港口等占用了海洋，而引起了岸线变化，为进一步探究其变化情况，将临近两个年份的岸线数据在 ArcGIS 中进行了叠加分析，分别计算了重合区域、向陆方向变化区域、向海方向变化区域的面积，并分城市进行了分析。

5.2.2.1 秦皇岛市海岸线附近变化情况

秦皇岛市海岸线附近变化情况见图 5-1、图 5-2、图 5-3、图 5-4。其中蚀退为向陆方向变化区域，淤积为向海变化区域，下同。

◆ 津冀滨海湿地 1980—2020 年碳储量演变特征及其驱动因素分析

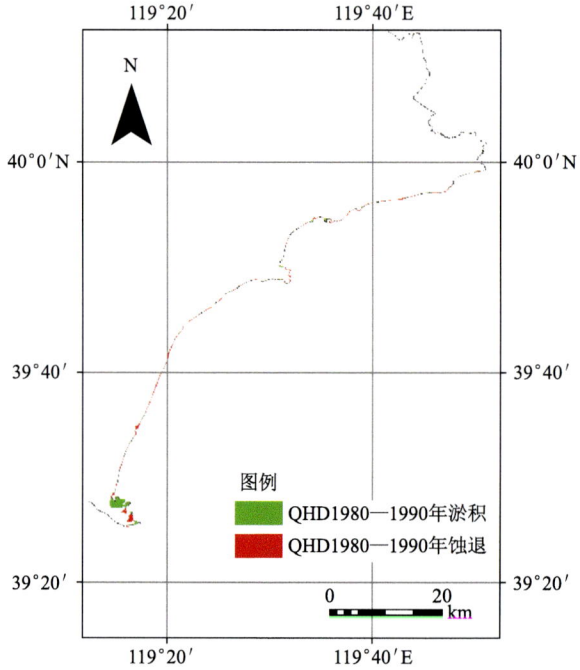

图 5-1　1980—1990 年秦皇岛市海岸向海向陆情况分布图

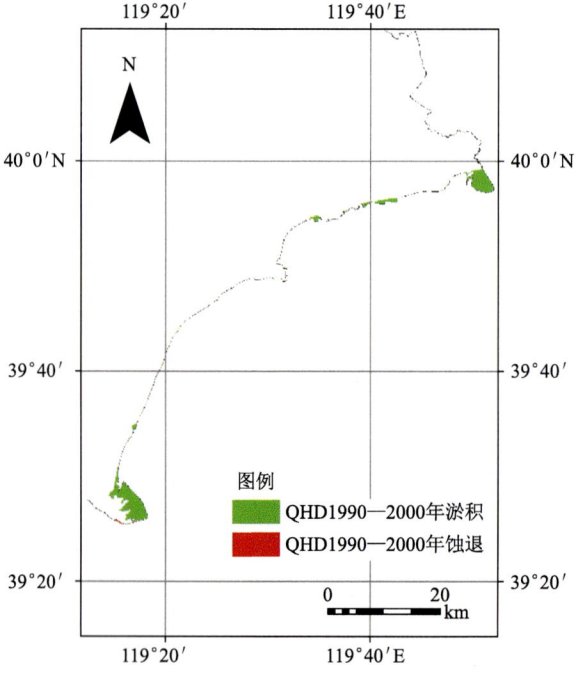

图 5-2　1990—2000 年秦皇岛市海岸向海向陆情况分布图

第 5 章　津冀 1980—2020 年海岸线演变特征

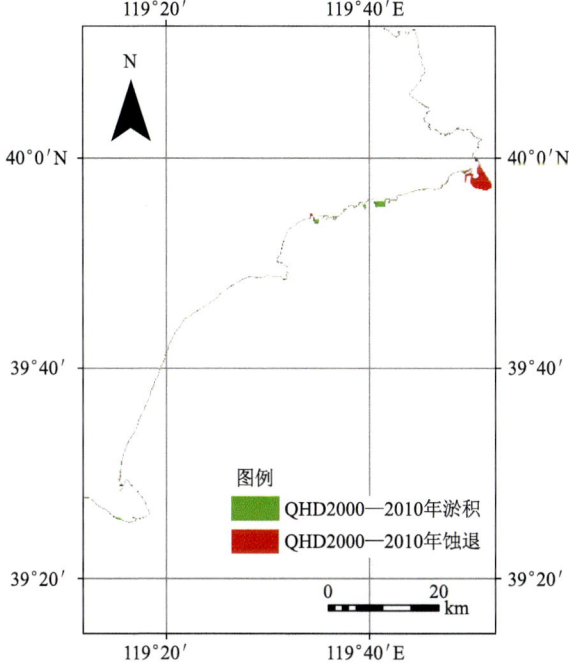

图 5-3　2000—2010 年秦皇岛市海岸向海向陆情况分布图

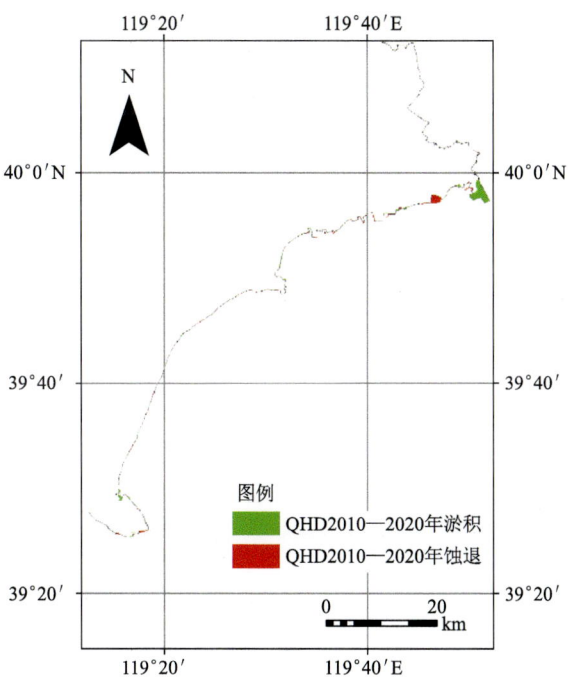

图 5-4　2010—2020 年秦皇岛市海岸向海向陆情况分布图

◆ 津冀滨海湿地1980—2020年碳储量演变特征及其驱动因素分析

秦皇岛市的海岸在1980—2020年研究时段内以向海方向变化为主,除了2000—2010年向陆方向变化区域面积大于向海方向变化区域面积之外,其余时段秦皇岛市岸线以向海推进为主。1990—2000年向海方向变化区域面积最大为33.3 km²,主要由于海港区北部沿海区域填海造陆引起。其余时段向海方向变化面积在10 km²左右。2000—2010年秦皇岛市岸线向陆方面变化面积最大为9.0 km²。1980—2020年秦皇岛市由于岸线变化引起的地类面积变化在7.7～34.4 km²,年均变化面积在1990—2000年最大,为3.4 km²(表5-2)。

表5-2 不同时段秦皇岛市海岸线附近面积变化统计表

时段	面积/km²				
	重合区域	向陆区域	向海区域	变化面积和	年均变化面积
1980—1990年	7766.9	2.5	5.2	7.7	0.8
1990—2000年	7771.0	1.1	33.3	34.4	3.4
2000—2010年	7795.3	9.0	4.1	13.1	1.3
2010—2020年	7795.1	4.3	7.4	11.7	1.2

5.2.2.2 唐山市岸线附近变化情况

唐山市海岸线附近变化情况见图5-5、图5-6、图5-7、图5-8。

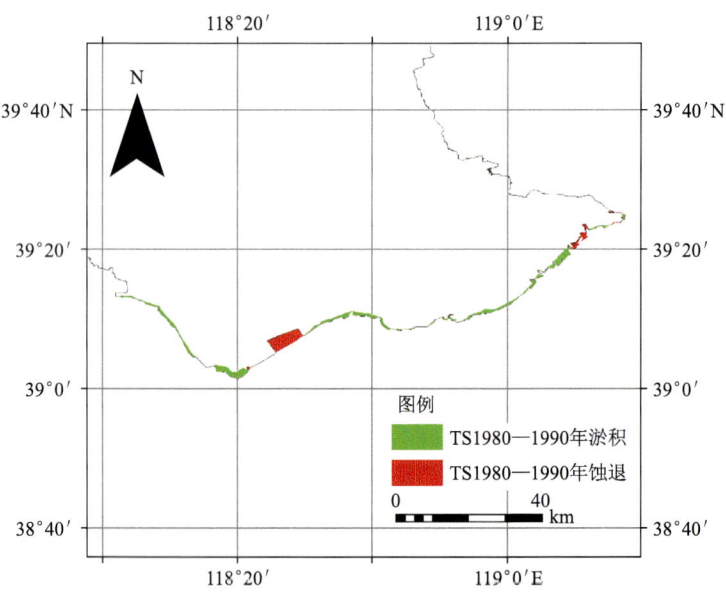

图5-5 1980—1990年唐山市海岸向海向陆情况分布图

1980—2020年唐山市由岸线变化引起的附近地类面积变化中,向海方向变化面积大于向陆方向变化面积,说明岸线一直向海推进。1980—1995年向陆方向变化面

第 5 章 津冀 1980—2020 年海岸线演变特征

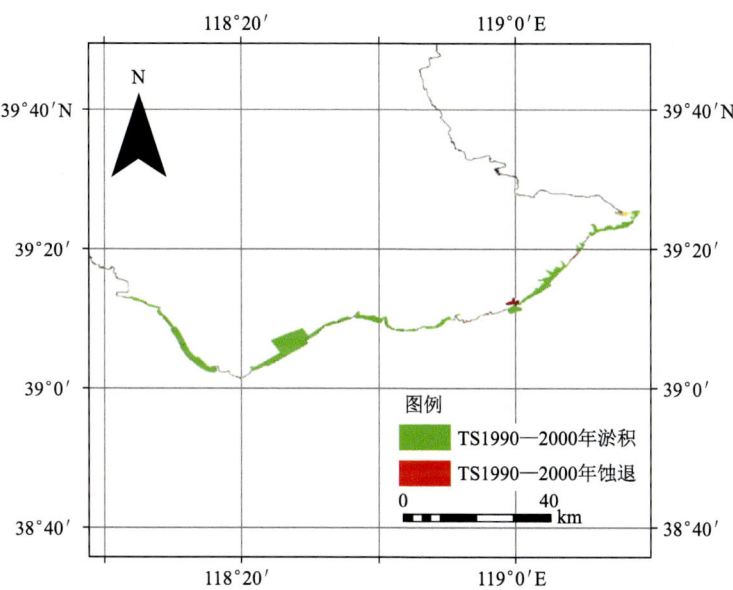

图 5-6 1990—2000 年唐山市海岸向海向陆情况分布图

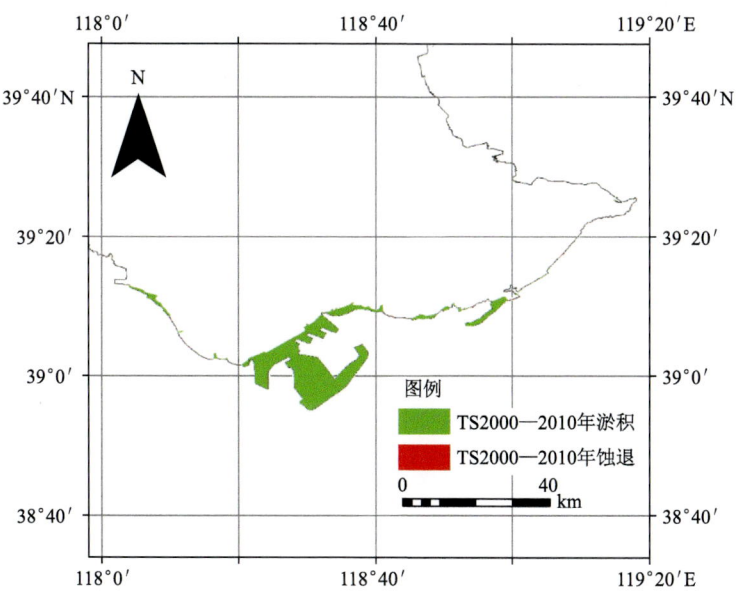

图 5-7 2000—2010 年唐山市海岸向海向陆情况分布图

积有 30 km², 是整个研究时段中向陆方向变化面积最大的, 其余时间均在 10 km² 以内。1980—2010 年唐山市岸线附近向海面积一直在增加, 从 58.8 km² 增加到 255 km², 2000 年以前主要由于坑塘养殖池等占用了海洋, 2000—2010 年主要由于

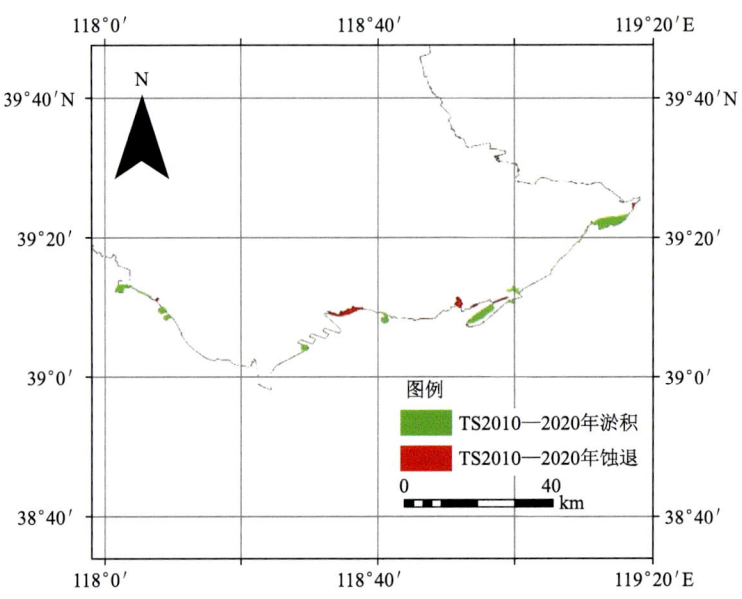

图 5-8　2010—2020 年唐山市海岸向海向陆情况分布图

港口的建设。2010 年之后占用海洋的面积明显减小。1980—1990 年和 2010—2020 年年均变化面积在 10 km² 以下。2000—2010 年年均变化最大,为 25.7 km²。2010 年之后人类占用海洋的面积明显减小(表 5-3)。

表 5-3　唐山市岸线附近面积变化情况统计表

时段	面积/km²				
	重合区域	向陆区域	向海区域	变化面积和	年均变化面积
1980—1990 年	13427.8	30.0	58.8	88.7	8.9
1990—2000 年	13482.6	3.9	118.7	122.7	12.3
2000—2010 年	13599.8	1.5	255.0	256.5	25.7
2010—2020 年	13710.2	9.5	43.5	53.0	5.3

5.2.2.3　天津市海岸线附近变化情况

天津市海岸线附近变化情况见图 5-9、图 5-10、图 5-11、图 5-12。

1980—2020 年天津市由于岸线变化引起的附近面积变化中,向海方向变化面积一直大于向陆方向变化面积,说明天津市岸线一直向海推进。其中 2000—2010 年向海推进的面积最大为 293.83 km²,2010—2020 天津市岸线向海推进的面积为 43.39 km²,主要是由填海造陆引起的。另外,两个研究时段向海方向变化面积在 20 km² 左右。在整个研究时段,天津市岸线向陆变化的面积均在 10 km² 以内,年均变化面积分别为 2.6 km²、2.1 km²、29.5 km²、5.2 km²(表 5-4)。

第 5 章　津冀 1980—2020 年海岸线演变特征

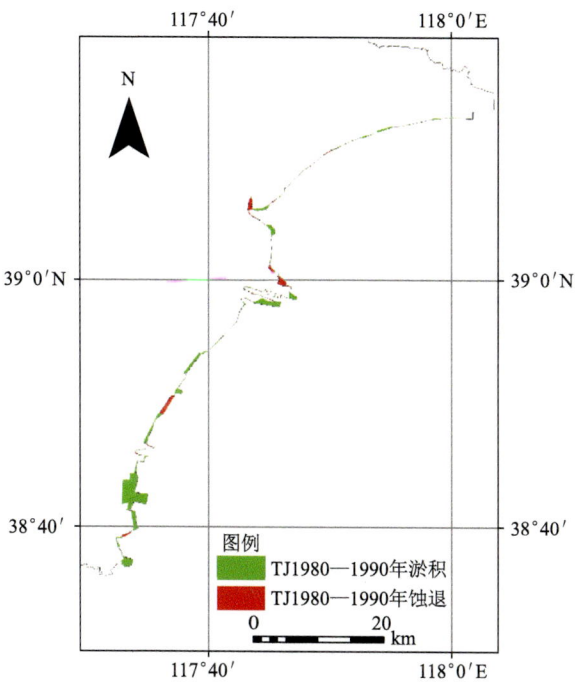

图 5-9　1980—1990 年天津市岸线向海向陆情况分布图

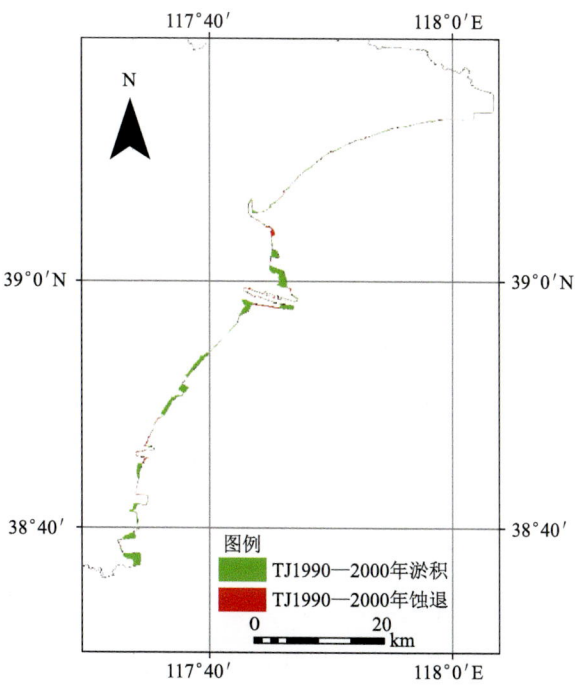

图 5-10　1990—2000 年天津市岸线向海向陆情况分布图

❖ 津冀滨海湿地1980—2020年碳储量演变特征及其驱动因素分析

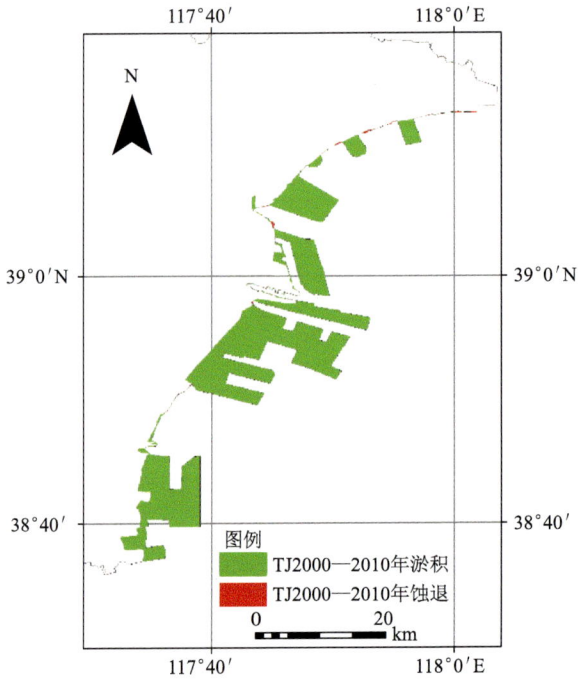

图 5-11 2000—2010 年天津市岸线向海向陆情况分布图

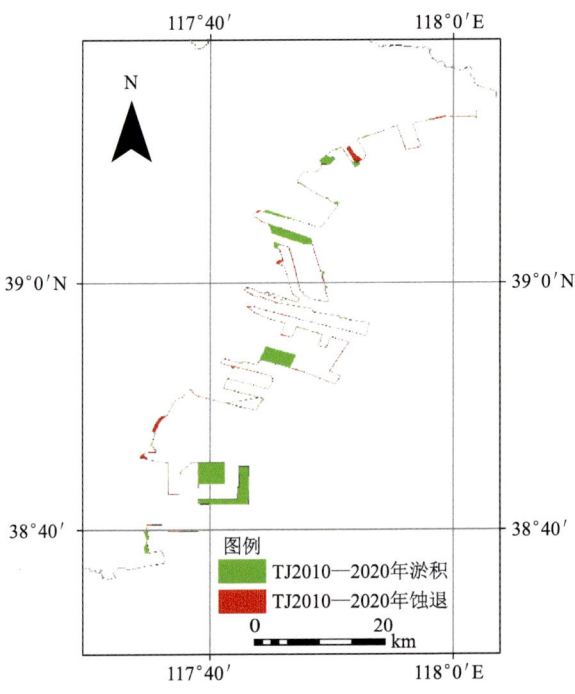

图 5-12 2010—2020 年天津岸线向海向陆情况分布图

第5章 津冀1980—2020年海岸线演变特征

表5-4 不同时段天津市岸线附近面积变化统计表

时段	面积/km²				
	重合区域	向陆区域	向海区域	变化面积和	年均变化面积
1980—1990年	11380.0	4.3	21.8	26.1	2.6
1990—2000年	11399.5	2.3	18.3	20.6	2.1
2000—2010年	11416.3	1.6	293.8	295.4	29.5
2010—2020年	11701.9	8.2	43.4	51.6	5.2

5.2.2.4 沧州市海岸线附近变化情况

沧州市海岸线附近变化情况见图5-13、图5-14、图5-15、图5-16。

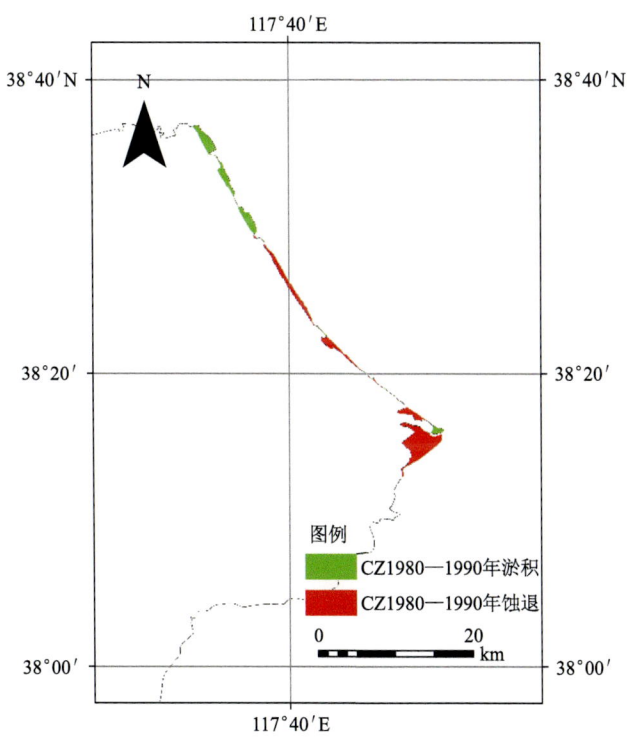

图5-13 1980—1990年沧州市岸线向海向陆情况分布图

沧州市除1980—1990年岸线向陆方向变化面积大于向海方向变化面积外,其余年份岸线均向海推进,其中2000年之后沧州市岸线向海推进面积较大。1980—1990年沧州市岸线向陆推进面积为18.46 km²,向海推进8.86 km²。1990年之后沧州市岸线向陆推进面积均不大,在0.08~2.05 km²。1980—2020年沧州市岸线引起的年均面积变化在2.7~6.4 km²(表5-5)。

◆ 津冀滨海湿地 1980—2020 年碳储量演变特征及其驱动因素分析

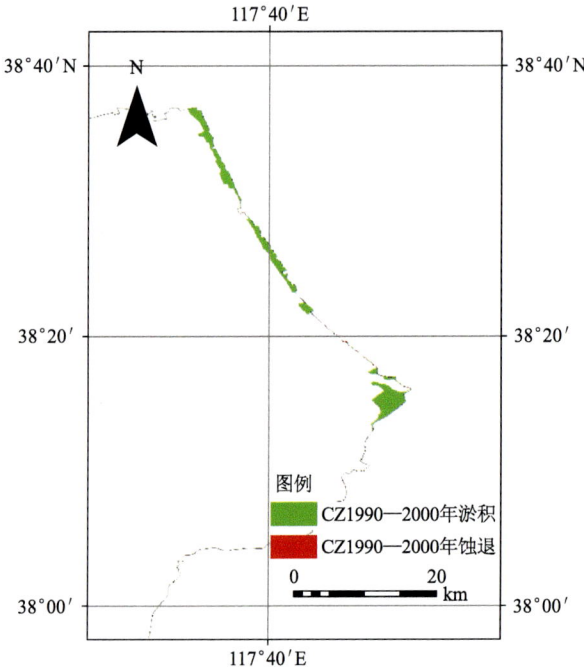

图 5-14 1990—2000 年沧州市岸线向海向陆情况分布图

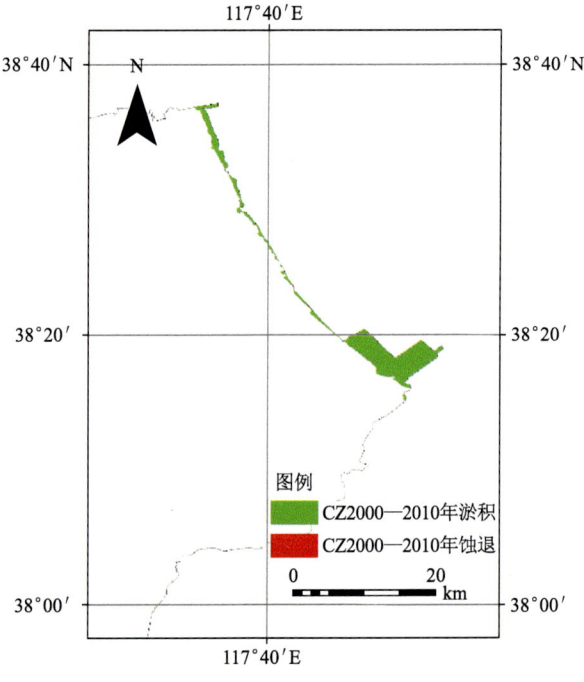

图 5-15 2000—2010 年沧州市岸线向海向陆情况分布图

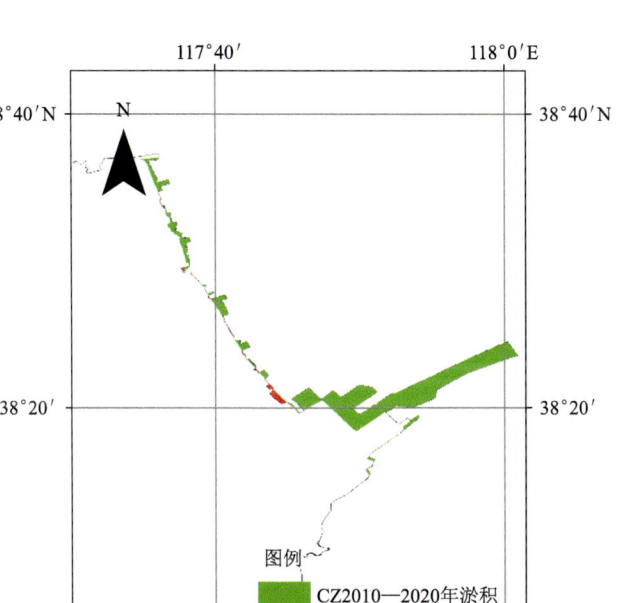

图 5-16　2010—2020 年沧州市岸线向海向陆情况分布图

表 5-5　不同时段沧州市岸线附近面积变化情况表

时段	面积/km²				
	重合区域	向陆区域	向海区域	变化面积和	年均变化面积
1980—1990 年	14029.5	18.5	8.9	27.4	2.7
1990—2000 年	14038.0	0.3	29.4	29.7	3.0
2000—2010 年	14067.4	0.1	47.1	47.2	4.7
2010—2020 年	14112.4	2.1	61.9	64.0	6.4

5.2.3　土地利用与海岸线的变迁关系

1980—2020 年,研究区沿海的四个城市岸线长度一直呈增长趋势,整个研究区海岸线长度共增长了 424.4 km。秦皇岛市的岸线长度变化最小,天津市的岸线长度变化最大,唐山市的岸线附近面积变化最大。2000—2010 年是整个研究时段内岸线变化最明显的时段。

不同城市由于岸线变化引起岸线附近面积变化中,大多数向海方向面积变化大于向陆方向面积变化,岸线一直向海推进。除唐山市 1980—2010 年和天津市

2000—2010 年的年均变化面积在 12.3～29.5 km² 外,其余城市的不同时段年均变化面积在 6.4 km² 之下。沧州市的年均面积变化最小,大多在 1 km² 左右。1990—2000 年天津市和沧州市的年均变化在 2 km² 左右,其余时段在 5 km² 左右。

为分析土地利用状况对海岸线变化所产生的影响,提取并统计了 1980—2020 年四个时段(1980—1990 年、1990—2000 年、2000—2010 年、2010—2020 年)津冀沿海区县海岸线长度的变化强度、海洋面积变化情况以及陆地的土地利用变化情况,见表 5-6、表 5-7。

表 5-6 津冀区县海岸线长度的变化强度

时段	海岸线长度变化强度 LCI_{ij} /%	海洋面积变化/km²
1980—1990 年	1.68	52.8
1990—2000 年	0.24	−17.6
2000—2010 年	5.10	−564.9
2010—2020 年	1.40	−276.4

表 5-7 新增陆地土地利用状况统计表 单位:km²

	1980—1990 年	1990—2000 年	2000—2010 年	2010—2020 年	合计
耕地	−494.9	−454.9	−539.6	−338.7	−1828.1
林地	6.9	7.5	32.9	1.7	49.0
草地	−50.0	0.5	34.2	39.6	24.3
水域	848.5	264.6	73.5	−228.4	958.2
建设用地	68.5	312.1	968.9	731.2	2080.7
未利用地	6.4	0	0	6.5	12.9
陆地总面积	385.4	129.8	569.9	211.9	1297.0

因所采用的中国多时期土地利用/土地覆盖遥感监测数据分类系统中的"海洋",是在陆地上开展监测,在最早的分类系统中并没有,是在数据更新中由于填海造陆涉及海洋而补充的新代码,所以"海洋"面积的变化基本可以反映该时段内填海造陆情况。很多研究都表明,填海造陆是导致海岸线长度增长的主要因素(李亚宁 等,2015;尹楠楠 等,2023)。根据表 5-6,1980—1990 年、1990—2000 年、2000—2010 年和 2010—2020 年海洋面积变化分别为 52.8 km²、−17.6 km²、−564.9 km² 和 −276.4 km²。

由表 5-6、表 5-7 可知,1980—1990 年,海岸线长度变化强度为 1.68%,变化强度较大,岸线增长,津冀沿海区县新增陆地面积 385.4 km²,其中水域面积增加 848.5 km²、耕地面积减少 494.9 km²、海洋面积增加 52.8 km²,陆地水域面积增加和耕地面积减小是该时期岸线变化的主要因素。1990—2000 年,海岸线长度变化强度为 0.24%,变化强度较弱,岸线缩短,津冀沿海区县新增陆地面积 129.8 km²,耕地面积减小 454.9 km²,水域面积增长 264.6 km²,建设用地增加 312.1 km²,海洋面积减小

17.6 km², 耕地面积减小和建设用地面积增加是该时期岸线变化的主要因素。

2000—2010年是近40年来津冀区县陆地向海延伸最快的一段时期, 海岸线长度变化强度为5.10%, 变化强度很大, 岸线增长, 新增陆地面积569.9 km², 其中建设用地增加968.9 km², 海洋面积减小564.9 km², 耕地面积减小539.6 km², 建设用地面积增大、海洋面积减小和耕地面积减小是该时期岸线变化的主要因素。2010—2020年, 海岸线长度变化强度为1.40%, 变化强度较大, 岸线增长, 新增陆地面积211.9 km², 其中建设用地增加731.2 km², 耕地面积减小338.7 km², 海洋面积减小276.4 km², 建设用地面积增大、耕地面积减小和海洋面积减小是该时期岸线变化的主要因素。

综上所述, 1980—2020年近40年的时间里, 津冀沿海区县累计新增陆地面积1297.0 km², 2000年以前, 津冀新增陆地主要服务于水域, 2000年以后, 城镇建设用地是陆地扩张的主要原因。以上基于土地利用的海岸线变迁研究表明, 人类活动是海岸线变化的重要因素。

第 6 章

津冀滨海湿地1980—2020年生境质量评估

第 6 章　津冀滨海湿地 1980—2020 年生境质量评估

生态环境质量(简称生境质量)即生物生存环境的质量状态,由于生物的多样性和生态系统服务的生产存在着密不可分的联系,生物多样性本质上具有空间化的特征,因此,可以通过分析土地利用情况和对其生物多样性的威胁程度计算生境质量。

6.1　研究方法

本书利用 InVEST 模型中的生境质量模块,输入必要的土地利用情况、土地利用对生物多样性的影响程度、威胁源的影响等参数来将数据进行空间概化。在模型中,它被定义为一个连续变量,范围从低到中到高。生境质量模块对生态环境质量的计算主要分为生态环境退化指数和生态环境质量指数两部分。

生态环境退化指数的评判,主要由生态威胁因子影响距离、生境类型斑块对威胁因子的敏感性高低以及威胁因子的数目协同决定。生境质量评估模块中认为:生境类型对来自威胁因子的敏感程度越高,并且距离生境威胁源越近(在其作用范围内),其生境退化指数就呈现趋高态势。主要衡量的指数有:生境类型 x 的可达性水平,其值在[0,1],1 表示极容易到达;土地利用类型 i 对来自胁迫因子的敏感性大小,值范围也在[0,1],值越大,表示其对威胁越敏感;威胁源对生境栅格的作用方式,分为线性和指数两种作用(姚云长,2017)。

生态环境质量指数是从外界的威胁强度和生态系统类型受威胁而产生的本能敏感性两个方面来评价。外界的威胁强度根据生境退化指数来衡量,本能敏感性以土地利用类型 i 的生境适应性来衡量。通常情况下,自然生态系统类型健康稳定,受威胁程度较小的地区,生态环境质量相对较高。

参照模型要求,InVEST 模型里的生态环境质量模块的成功运行需要按要求输入以下几种数据:

(1)土地利用数据:中科院多时期土地利用/土地覆盖遥感监测数据库。

(2)土地威胁源数据及威胁因子量表:生态威胁因子与生态系统类型无论是呈指数相关性还是线性相关性都表明,生态系统中各地类斑块和不同强度的威胁因子与威胁因子和网格地类斑块间的空间耦合关系密切相关。土地威胁源数据主要是通过 ArcGIS 中栅格重分类的工具,从土地利用数据中对各类威胁源进行提取。

(3)土地覆盖类型对各生态威胁因子的敏感度:每一地类有着不同的生境适宜性,并且对受生态威胁的敏感程度差异也明显。敏感度表主要涉及三个指标:土地利用类型代码,是否为生境,是生境,赋值为 1,反之则为 0;对威胁因子的敏感度,依据文献定,数值在[0,1],数值越大代表对威胁因子越敏感。

将模型得到的结果,加载到 ArcGIS 中,并参考相关研究结果,将不同年份的生态环境质量进行等级划分。将分好等级的不同年份的生态环境质量栅格数据,利用面积制表工具,计算研究区滨海湿地不同年份不同生态环境质量等级的面积,并导出至 Excel 来进行研究。其中等级划分见表 6-1。

表 6-1　不同生境质量等级划分表

等级	分值	健康水平
一级	0.6~0.8	健康
二级	0.4~0.6	良好
三级	0.15~0.4	一般
四级	0~0.15	较差

6.2　生态威胁数据来源

本节将建设用地和裸地设定为非生境，林地、草地和水体等设定为生境。选取水田、旱地、城镇建设用地、农村建设用地、其他建设用地、未利用地作为胁迫因子，其原因是生态环境质量演变主要受到人类活动的胁迫，而人类改造地表的活动及建设用地扩张是胁迫因子最集中和强烈的表现。各胁迫因子最大影响距离、权重及不同生境对6种胁迫因子敏感性的设置参考了国内外学者在类似地区的研究和模型指导手册。威胁因子及敏感性量表见表 6-2、表 6-3。不同威胁因子的数据来源于土地利用类型遥感数据（详见本书 3.2 节），在 ArcGIS 中利用重分类工具，分别按栅格数据保存。

表 6-2　研究区不同威胁因子及其属性表

威胁源	最大影响距离/km	权重	衰减方式
水田	3.8	0.4	线性
旱地	3.8	0.4	线性
城镇建设用地	27.5	0.9	指数
农村建设用地	10.2	0.4	指数
其他建设用地	5.7	0.6	指数
未利用地	3	0.2	线性

表 6-3　生境适宜性及其对不同威胁因子的敏感性表

土地类型	适宜性	水田	旱地	城镇建设用地	农村建设用地	其他建设用地	未利用地
盐沼	0.8	0.7	0.7	0.7	0.6	0.5	0.2
滩涂	0.8	0.5	0.6	0.5	0.4	0.3	0.1

6.3 结果与分析

6.3.1 不同年份生境质量结果

将研究区盐碱沼泽地、滩涂合并为滨海湿地作为研究对象,利用模型计算 1980—2020 年 10 个代表年份的生态环境质量。模型需要输入的数据有:研究区土地利用数据,威胁因子量表(表 6-2),敏感度表(表 6-3)。选择城镇建设用地、农村建设用地、其他建设用地、水田、旱地、未利用地作为威胁因子,威胁因子图层从土地利用数据中重分类提取得到。不同威胁因子的图层见图 6-1 至图 6-6。最后得到不同年份滨海湿地的生态环境质量分布图(见图 6-7),添加到 ArcGIS 中进行分析。

6.3.2 不同年份生境质量变化情况

基于计算结果并参考前人研究中划分的标准,将研究区滨海湿地生态环境质量划分四个等级,得到不同年份生态环境质量分级数据。在 ArcGIS 中将不同年份的结果,利用面积制表工具统计不同生态环境质量等级面积,见表 6-4。

表 6-4 研究区滨海湿地各等级生境质量面积统计表

年份	不同生境质量等级对应的面积/km²			
	四级(0~0.15)	三级(0.15~0.4)	二级(0.4~0.6)	一级(0.6~0.8)
1980	0.04	46.50	127.61	923.80
1990	0.04	32.99	78.77	547.95
1995	0.04	36.44	91.92	504.30
2000	0.04	37.73	85.30	424.46
2005	0.00	41.49	82.90	401.21
2010	0.00	42.93	86.38	413.22
2013	0.00	40.42	84.65	486.78
2015	0.00	42.34	86.24	493.49
2018	0.00	43.05	82.37	632.37
2020	0.05	47.12	83.37	476.54

由统计结果可知,研究区湿地中处于高质量的面积占绝大多数。其中高质量区的滨海湿地面积变化较大,其余三个等级的面积变化不明显。高质量区的面积大致呈现先减少后上升又下降的趋势。1980—2005 年高质量区的滨海湿地面积一直在减小,2005 年最小,其可能原因是人类活动剧烈导致湿地面积减小。生境质量处于良好与一般的湿地面积变化趋势大致一致。从 1980—2010 年其面积逐渐减少,从 2010—2018 年面积开始减少,2018—2020 年面积稍有增大。1980—2020 年研究区湿地生态环境质量得分在 0.6 之上,处于高质量区的面积一直高于 400 km²,表明研究区滨海湿地的生态环境质量处于较高水平。

❖ 津冀滨海湿地 1980—2020 年碳储量演变特征及其驱动因素分析

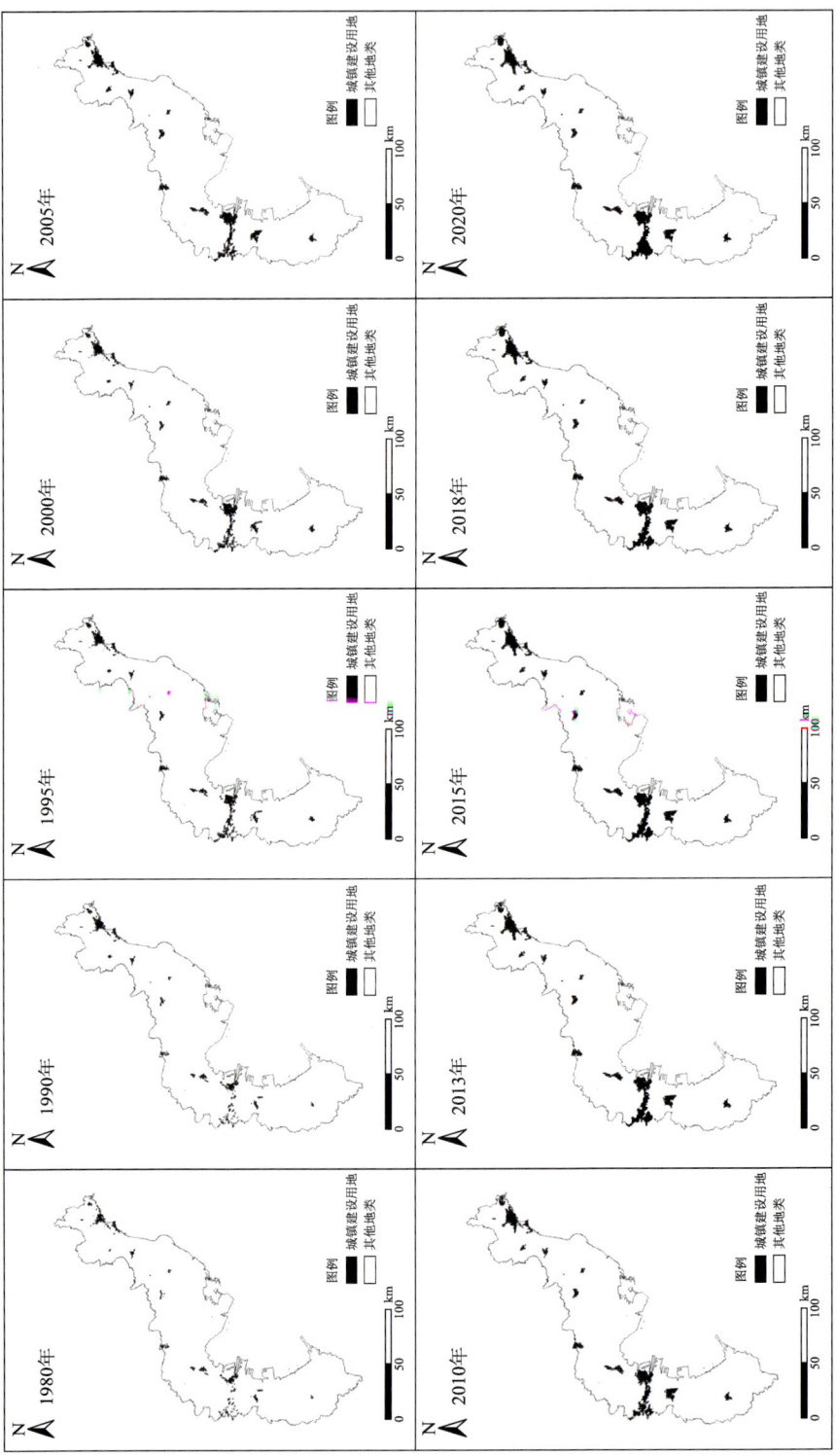

图 6-1 1980—2020 年研究区城镇建设用地时空变化

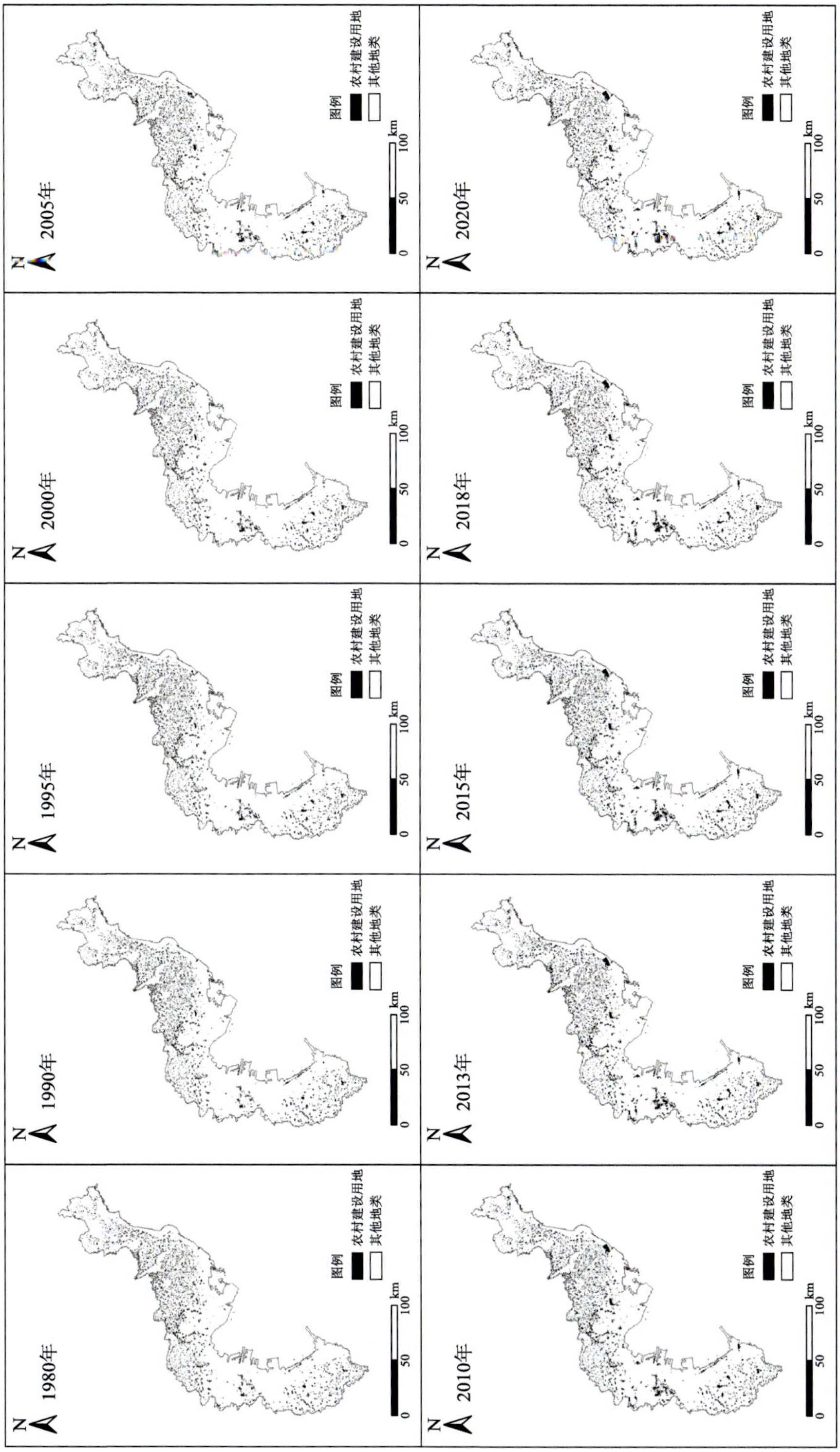

第6章 津冀滨海湿地1980—2020年生境质量评估

图6-2 1980—2020年研究区农村建设用地时空变化

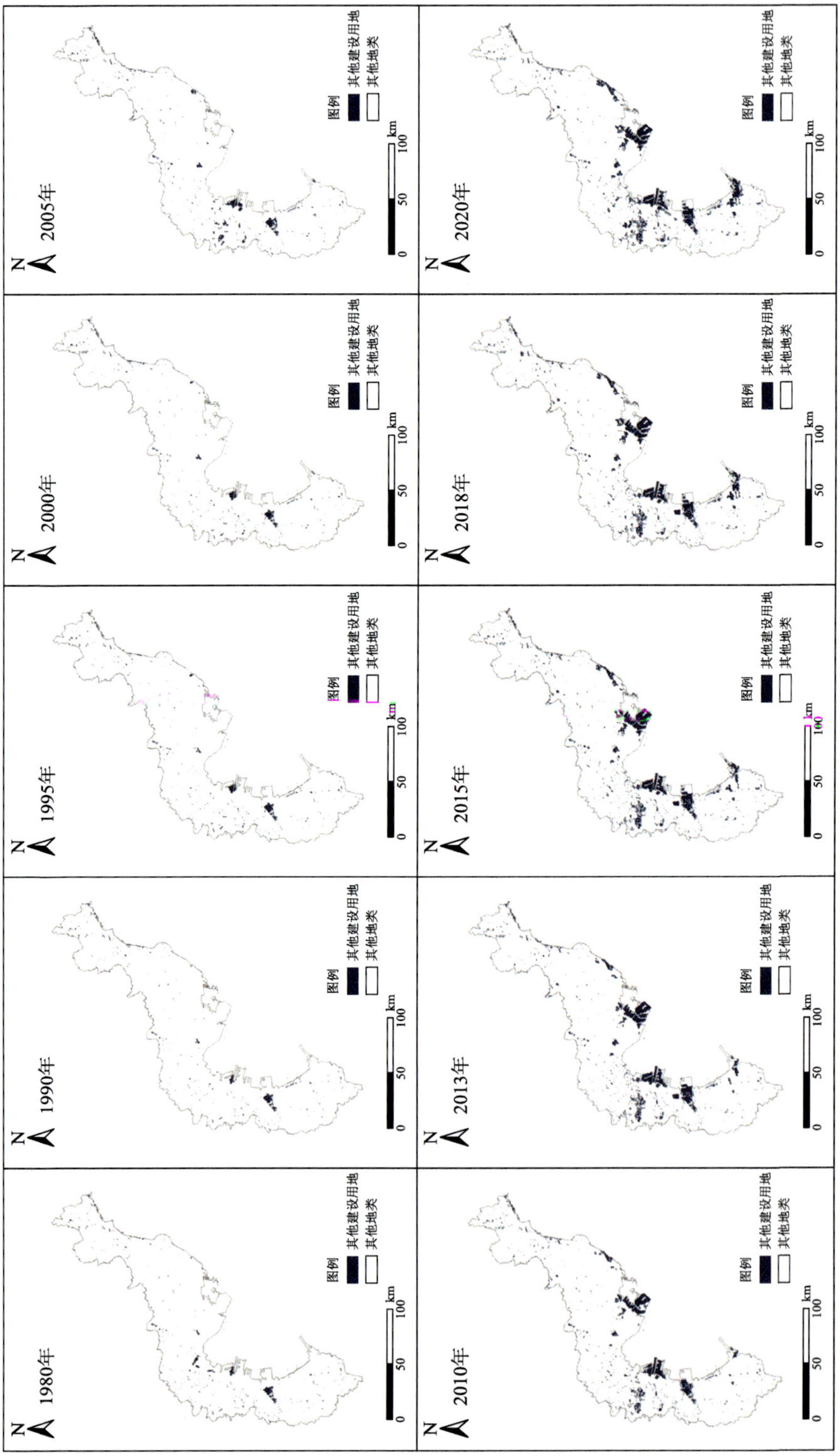

◆ 津冀滨海湿地 1980—2020 年碳储量演变特征及其驱动因素分析

图 6-3 1980—2020 年研究区其他建设用地时空变化

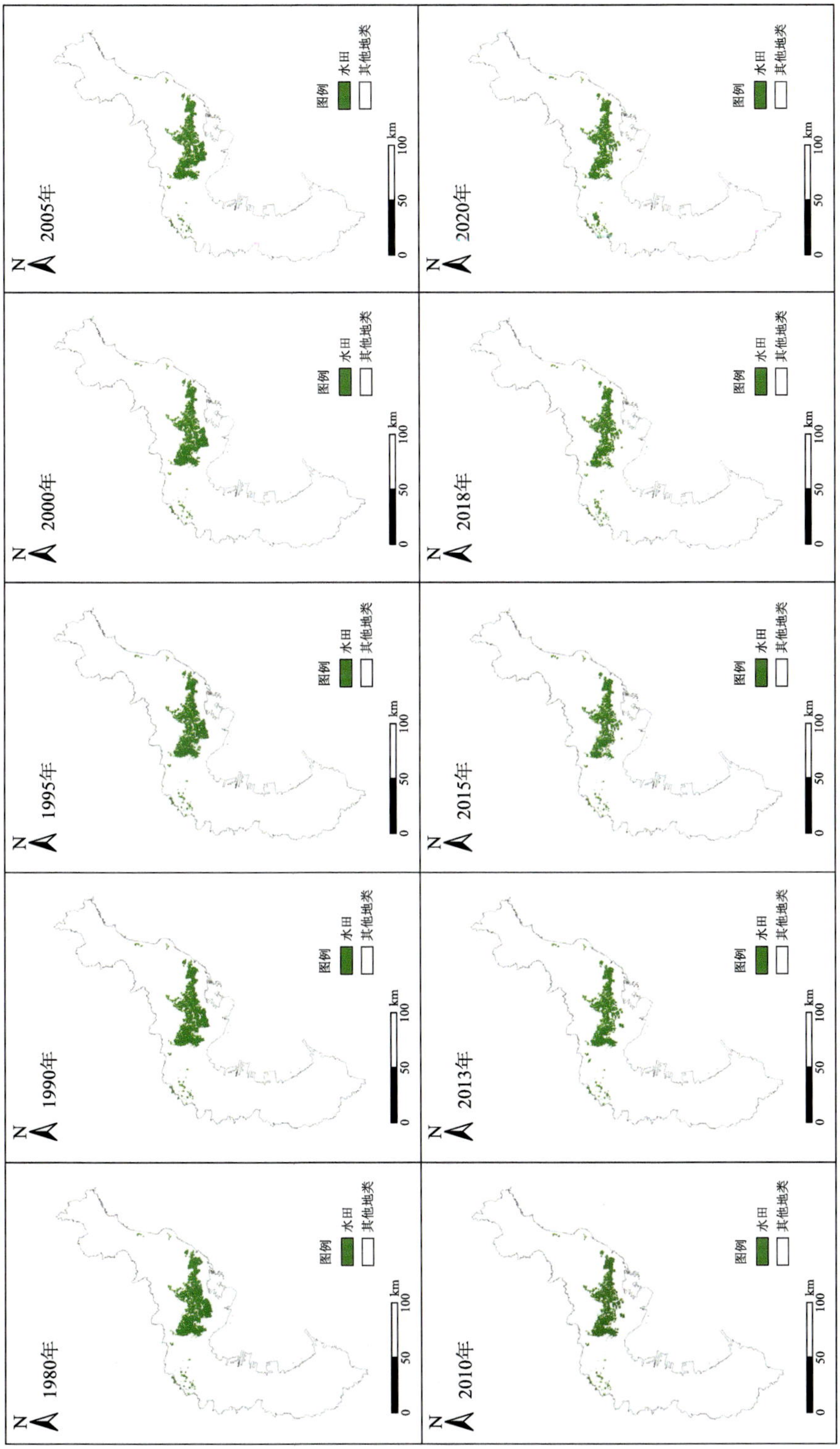

第6章 津冀滨海湿地1980—2020年生境质量评估

图6-4 1980—2020年研究区水田用地时空变化

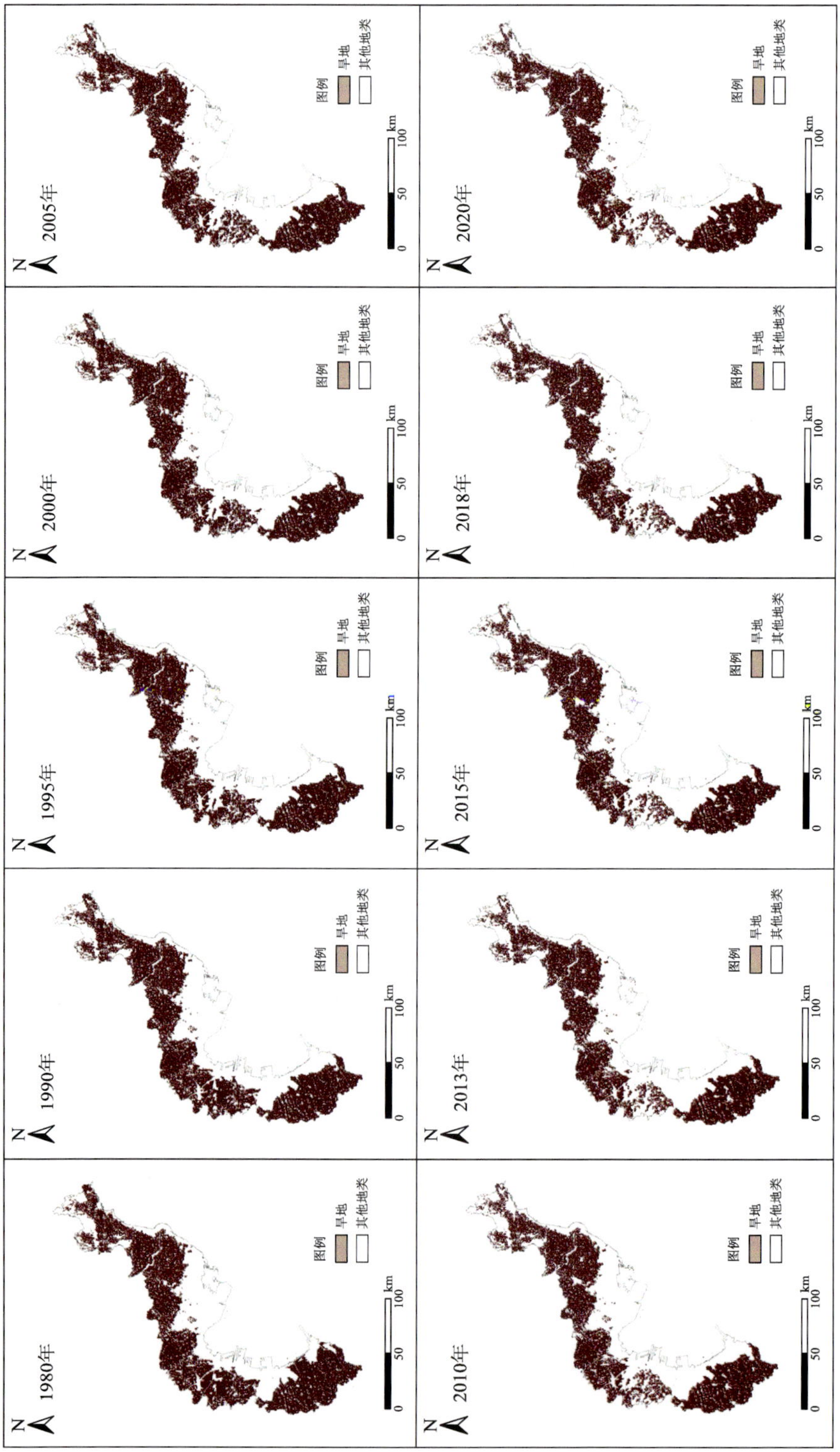

❖ 津冀滨海湿地 1980—2020 年碳储量演变特征及其驱动因素分析

图 6-5 1980—2020 年研究区旱地时空变化

第 6 章 津冀滨海湿地 1980—2020 年生境质量评估

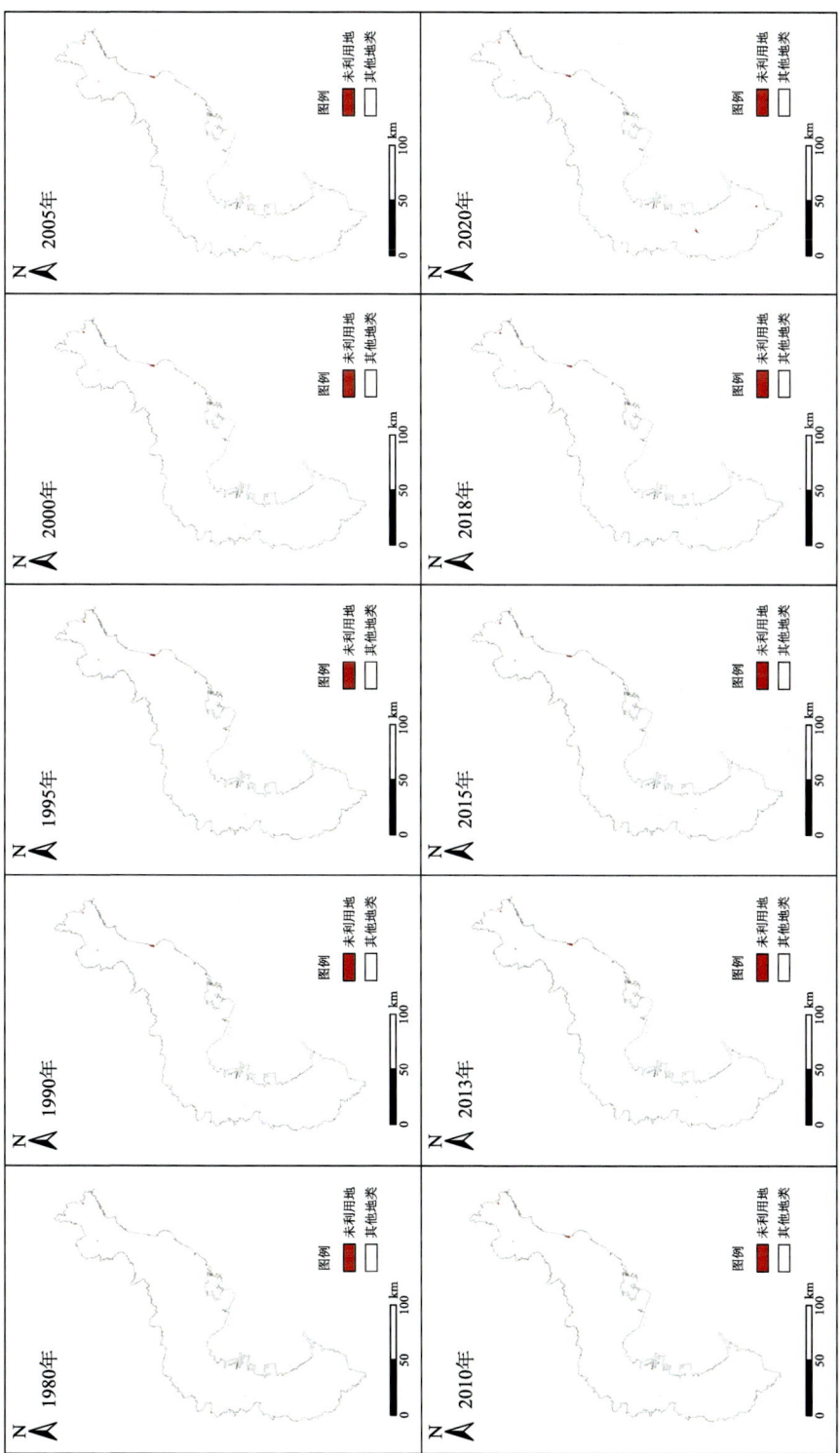

图 6-6 1980—2020 年研究区未利用地时空变化

津冀滨海湿地 1980—2020 年碳储量演变特征及其驱动因素分析

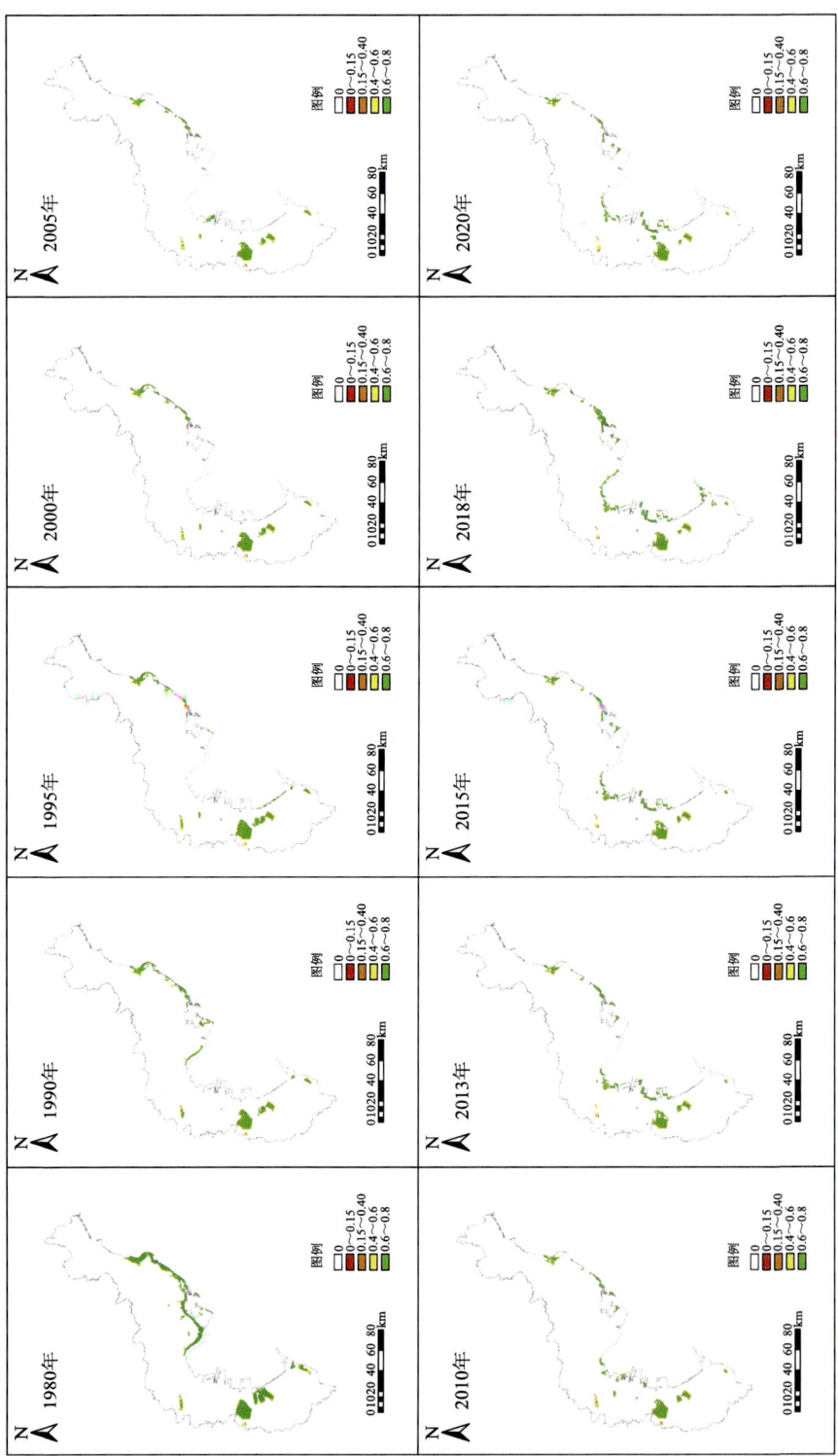

图 6-7 1980—2020 年研究区滨海湿地生境质量时空演变

第6章 津冀滨海湿地1980—2020年生境质量评估

津冀滨海湿地生境质量低(生境质量指数在0～0.4)、中(生境质量指数在0.4～0.6)、高(生境质量指数在0.6～0.8)等级面积占比情况如图6-8所示。其中低质量区面积在4.24%～7.91%,1980年占比最低,2010年最高,在1980—2010年期间低质量区域面积占比逐年升高,之后有所下降。中质量区面积在10.87%～15.92%,2018年占比最低,2010年占比最高,同样呈现在1980—2010年期间低质量区域面积占比逐年升高,之后有所下降的趋势。高质量区面积在76.17%～84.14%,1980年占比最高,2010年占比最低,1980—2010年期间高质量区域占比逐年降低,之后有所升高,与低、中质量区变化趋势相反。总体来看,津冀滨海湿地高质量区占比高,而低、中质量区占比低,但高质量区总面积从1980年的923.80 km² 降低至476.54 km²(表6-1,图6-7),表明沿海区域发展导致滨海湿地面积被转化成其他土地利用类型,而生境质量占比以同时期总面积为基数进行计算,仅代表同时期生境质量优劣百分比情况。这些演变特征可能是新型城镇化背景下建设用地扩张及当地政府部门严格执行海岸带生态系统保护与修复、退养还湿等多重因素导致的结果。

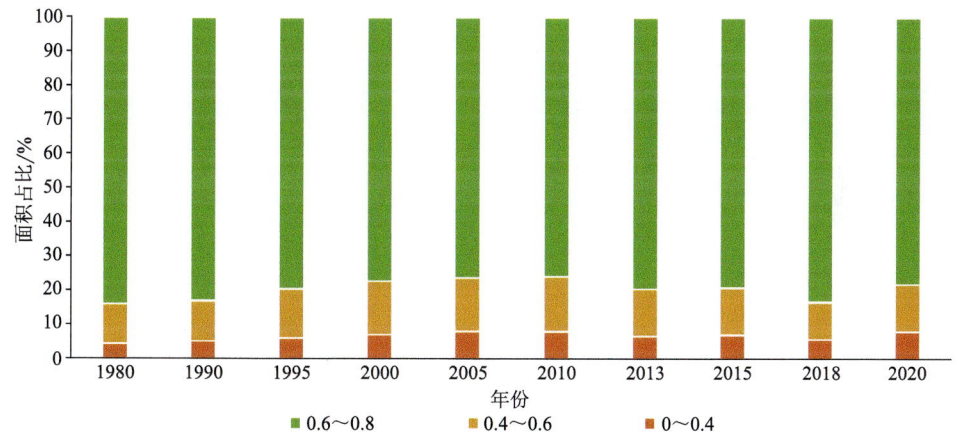

图6-8 1980—2020年研究区滨海湿地生境质量分级面积占比

生境质量又称栖息地质量,是指生态系统在一定时空范围内为生物个体或种群生存提供适宜条件的能力,是生态系统服务功能的基础和生物多样性的重要影响因素。生境质量高低依赖于其自身与人类土地利用之间的邻接度及土地利用的强度。随着周边土地利用强度的增大,生境质量也随之衰退。生境质量评估多采用复合指标评价的方法,在对指标权重确立时大多采用专家打分的方法,这难免存在一定的主观性,而InVEST模型直接利用土地利用数据作原始数据进行分析,考虑各个威胁源对不同生境的干扰程度,进而对土地适宜性进行分析,利用计算机算法进行模拟计算,在一定程度上能减少人为因素对于结果的主观影响,目前已被广泛使用。如张征云等(2023)应用InVEST模型对天津湿地自然保护区的生境质量进行评估,结果表明从2015年至2020年,生境质量指数由0.6066提升至0.6323,宏观生态状况转好,生物多样性水平提升；杨映等（2022）以北京市房山区为研究对象，利用 InVEST 模型对其生境质量和生境退化风险空间特征进行分析，结果发现自然保护区生境质量指数均高于 9，明显高于房山区全区均值（0.7228）；赵晓冏等（2020）基于 InVEST 模型对甘肃省生境质量进行评估，结果发现生境质量在人口密度越高的地区以及更接近威胁源的地区下降显著，从自然生态条件较好的区域到自然条件恶劣的区域（例如，从秦巴山区和祁连山地区到北部荒漠区）、从农业用地较少的地区到农业用地较密集的地区（例如，从甘南高原到陇中陇东地区）、从限制性较强到限制性较弱的自然保护地类别（例如，从自然保护区和国家公园到其他保护地）时，生境质量降低。

  高度的城市化及其扩张给自然景观造成了巨大压力，强烈且复杂的人为活动也导致了生境质量的剧烈变化。建设用地是所有地表覆被类型中人类活动最集中的体现，反映了人为活动对生境等自然系统的威胁，且容易对周围土地覆被产生侵蚀。在今后沿海城区土地规划和生态保护工作中需优化建设用地、水产养殖、耕地等用地景观格局，在保持合理的经济增长基础上也应合理配置必要的自然湿地、人工湿地等生态用地。此外，沿海区县城镇化发展过程中也要注意对城市空间形态的研究和控制，避免低密度、低效率的零散式建设用地扩张，加强整体规划与布局，以减少城镇化发展过程中对生境影响的随机性和波动性，提高生态用地的连通性和生态系统的稳定性，实现沿海地区高质量保护和高质量发展的协同性。

第 7 章

土地利用变化对碳储量的影响

第 7 章 土地利用变化对碳储量的影响

7.1 研究方法

土地利用类型的变化会使滨海湿地的面积发生变化,进而影响其碳储量。本书借鉴土地利用变化生态贡献率的计算方法,建立碳储量贡献率指标,来研究土地利用变化对碳储量的影响(吴健生 等,2015;常玉旸 等,2021)。碳储量贡献率即某一种土地利用类型转换占用盐碱沼泽地/滩涂/滨海湿地而导致的盐碱沼泽地/滩涂/滨海湿地碳储量的变化在该时段碳储量变化的比率:

$$R_{1i} = \frac{S_{1i} \times C_{yan} \times 0.0001}{\Delta C_{yan}}$$

$$R_{2i} = \frac{S_{2i} \times C_{tan} \times 0.00001}{\Delta C_{tan}}$$

$$R_{3i} = \frac{(S_{1i} \times C_{yan} + S_{2i} \times C_{tan}) \times 0.0001}{\Delta C_{yan} + \Delta C_{tan}}$$

式中:R_{1i}、R_{2i}、R_{3i} 分别为某种土地利用类型变化对盐碱沼泽地/滩涂/滨海湿地碳储量的贡献率;S_{1i}、S_{2i} 分别表示某种土地利用类型变化使得盐碱沼泽地、滩涂变化的面积(单位:km^2);C_{yan}、C_{tan} 分别表示盐碱沼泽地、滩涂的碳密度(单位:t/hm^2);ΔC_{yan}、ΔC_{tan} 分别表示某个研究时段盐碱沼泽地、滩涂的碳储量变化量(单位:Tg)。

7.2 不同时期土地利用变化与碳储量变化

因对盐碱沼泽地、滩涂影响因素不同,且盐碱沼泽地与滩涂相互转化也会引起碳储量的变化,所以在每个研究时段中,分别研究了土地利用变化对盐碱沼泽地、滩涂以及二者之和即滨海湿地的影响。将某个时段盐碱沼泽地/滩涂的转入转出面积合并,得到了不同地类引起的盐碱沼泽地/滩涂的面积变化,不同时段的统计结果见表 7-1、表 7-2。

表 7-1 1980—2020 年不同地类引起的盐碱沼泽地面积变化 单位:km^2

	耕地	林地	草地	水域	建设用地	未利用地	滩涂	海洋
1980—1990 年	12.1	−0.5		−222.6	−3.1	−6.4	1.1	
1990—1995 年	14.7		0.1	47.8	−8.4			
1995—2000 年	−8.3		−0.1	−57.8	−1			
2000—2005 年			−0.3	−15				
2005—2010 年	0.2		−3.3	−3.1	−1		1.5	
2010—2013 年	−2		−6.3	−13.2	−1.5			

续表

	耕地	林地	草地	水域	建设用地	未利用地	滩涂	海洋
2013—2015 年	−0.4			2.3	1		6.6	
2015—2018 年				−2.5	−0.2			
2018—2020 年	7.8		−1.9	−3.9	−0.1			

表7-2　1980—2020 年不同地类引起滩涂面积变化统计表　　单位：km²

	林地	草地	水域	建设用地	盐碱沼泽地	海洋
1980—1990 年		−9.3	−166.7	−1.1	−1.1	−40.5
1990—1995 年		−0.1	−50.6	−1.1		−29.5
1995—2000 年			−15.2			−2.7
2000—2005 年	−0.2		−24.5	−5.5		23.6
2005—2010 年			−6.3	−20.1		49
2010—2013 年		−2.5	−2.3	−15.4		112.5
2013—2015 年			4.1	−8.7	−6.6	11.8
2015—2018 年			55.6			82.9
2018—2020 年			−44.1	−11.1		−97.4

7.2.1　1980—1990 年土地利用变化对滨海湿地碳储量的影响

由碳储量评估结果可知：1980—1990 年研究区盐碱沼泽地碳储量减少 2.031 Tg。1980—1990 年盐碱沼泽地被水域、未利用地、耕地、建设用地、林地占用的面积分别为 223.1 km²、6.4 km²、3.7 km²、3.1 km²、0.5 km²，同时有耕地、滩涂以及水域转化为盐碱沼泽地，转入面积分别为 15.8 km²、1.1 km²、0.5 km²。由此可知耕地、林地、水域、建设用地、未利用地、滩涂引起的盐碱沼泽地的面积变化分别为 12.1 km²、−0.5 km²、−222.6 km²、−3.1 km²、−6.4 km²、1.1 km²（表7-1）。根据公式计算不同地类变化对盐碱沼泽地碳储量变化的贡献率。

1980—1990 年研究区滩涂碳储量减少 0.372 Tg。1980—1990 年研究区滩涂被草地、水域、建设用地、盐碱沼泽地、海洋占用的面积分别为 9.3 km²、166.7 km²、1.1 km²、1.1 km²、68.4 km²，同时有 27.9 km² 的海洋转化为滩涂，使得滩涂面积增加。草地、水域、建设用地、盐碱沼泽地、海洋使得滩涂的面积变化分别为 −9.3 km²、−166.7 km²、−1.1 km²、−1.1 km²、−40.5 km²（表7-2）。根据公式计算不同地类变化对滩涂碳储量变化的贡献率。

1980—1990 年研究区滨海湿地碳储量减少 2.403 Tg。基于计算出的不同地类变化引起的盐碱沼泽地、滩涂的面积来计算不同地类变化对滨海湿地碳储量变化的贡献率。计算出的贡献率见图7-1。由图7-1 可知，1980—1990 年水域占用盐碱沼泽

第 7 章　土地利用变化对碳储量的影响

地主导了盐碱沼泽地碳储量的变化,建设用地、未利用地占用也导致碳储量减少;耕地转入使得碳储量增加,但贡献率只有 0.06。水域以及海洋占用主导了滩涂碳储量的变化,其中水域的碳储量贡献率最大,约为 0.76。1980—1990 年水域的占用主导了研究区滨海湿地碳储量的变化,其贡献率约为 0.98。

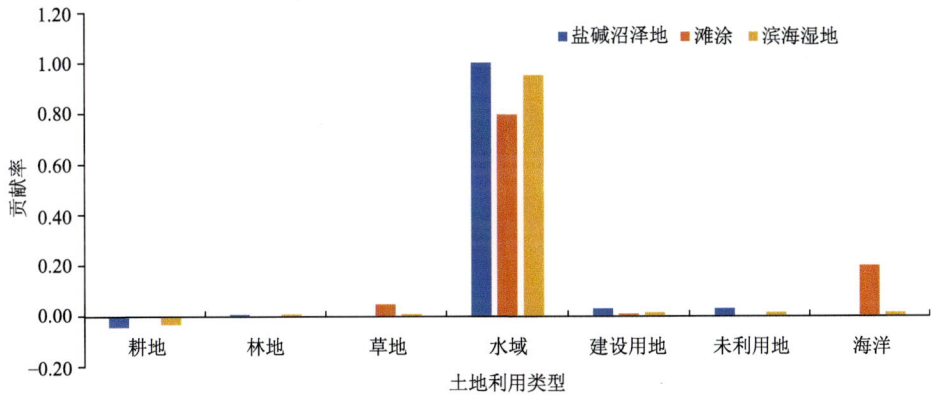

图 7-1　1980—1990 年不同地类变化对滨海湿地碳储量贡献率图

7.2.2　1990—1995 年土地利用变化对滨海湿地碳储量的影响

1990—1995 年研究区盐碱沼泽地、滩涂、滨海湿地的碳储量变化量分别为 0.501 Tg、－0.138 Tg、0.363 Tg。该时期不同地类变化对盐碱沼泽地、滩涂、滨海湿地碳储量的贡献率结果见图 7-2。由图 7-2 可知,耕地和水域的转入主导了 1990—1995 年盐碱沼泽地碳储量的变化,同时建设用地的占用使得碳储量减少,其贡献率约为－0.15。水域以及海洋占用主导了 1990—1995 年滩涂碳储量的变化,其中水域的碳储量贡献率最大,约为 0.62。耕地和水域的转入主导了 1990—1995 年研究区滨海

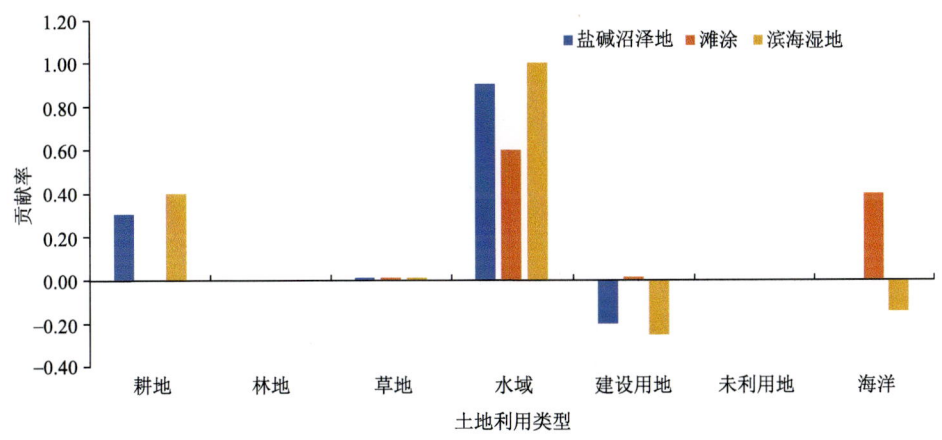

图 7-2　1990—1995 年不同地类变化对滨海湿地碳储量变化贡献率图

湿地碳储量增加,同时建设用地、海洋的占用也使得碳储量变小。

7.2.3　1995—2000年土地利用变化对滨海湿地碳储量的影响

1995—2000年研究区盐碱沼泽地、滩涂、滨海湿地的碳储量变化量分别为 －0.622 Tg、－0.031 Tg、－0.653 Tg。该时期不同地类变化对盐碱沼泽地、滩涂、滨海湿地碳储量的贡献率结果见图7-3。由图7-3可知,耕地和水域的占用主导了1995—2000年研究区盐碱沼泽地碳储量的变化,其贡献率分别为0.86、0.12。此时间段滩涂碳储量的变化也主要由于水域和海洋的占用导致,其贡献率分别为0.85、0.15。此时段内研究区自然湿地的碳储量变化主要由于水域和耕地的占用导致,贡献率分别为0.86、0.12。水域的占用是此时段滨海湿地碳储量变化的主要原因。

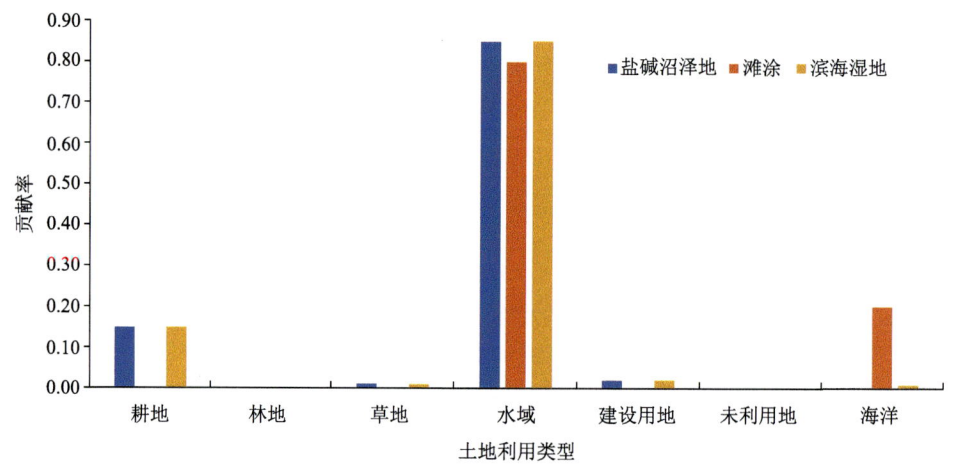

图7-3　1995—2000年土地利用变化对滨海湿地碳储量变化贡献率图

7.2.4　2000—2005年土地利用变化对滨海湿地碳储量的影响

2000—2005年研究区盐碱沼泽地、滩涂、滨海湿地的碳储量变化量分别为 －0.142 Tg、－0.011 Tg、－0.153 Tg。该时期不同地类变化对盐碱沼泽地、滩涂、自然湿地碳储量的贡献率,见图7-4。由图7-4可知,水域的占用主导了此时段研究区盐碱和沼泽地碳储量的变化。该时期水域和建设用地的占用导致滩涂碳储量降低,同时海洋的转入使得滩涂碳储量增加,即海平面的变化使得之前是海洋的区域变为滩涂,使得滩涂的面积增加从而增加了滩涂的碳储量。此时段研究区滨海湿地碳储量的降低主要由于水域的占用导致。

7.2.5　2005—2010年土地利用变化对滨海湿地碳储量的影响

2005—2010年研究区盐碱沼泽地、滩涂、滨海湿地的碳储量变化量分别为

第7章 土地利用变化对碳储量的影响

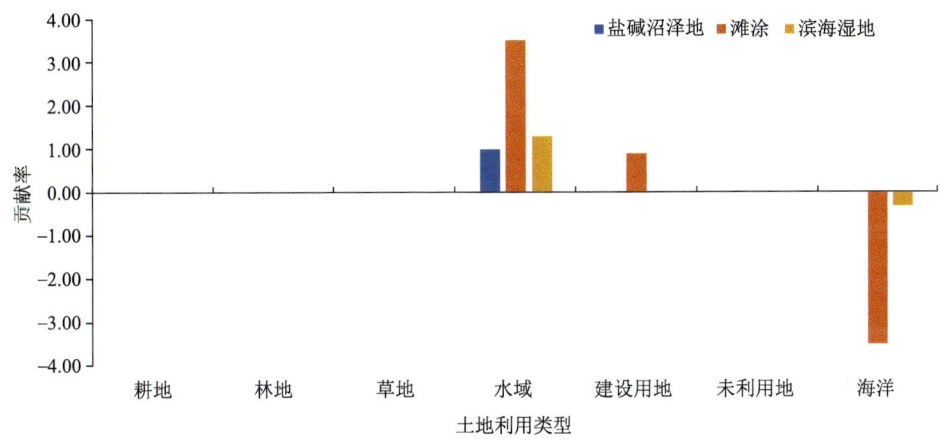

图 7-4 2000—2005 年土地利用变化对滨海湿地碳储量变化贡献率图

−0.053 Tg、0.038 Tg、−0.015 Tg。该时期不同地类变化对盐碱沼泽地、滩涂、滨海湿地碳储量的贡献率，见图 7-5。由图 7-5 可知，水域和草地的占用主导了此时段研究区盐碱和沼泽地碳储量的变化，建设用地的占用也使得碳储量下降，贡献率分别为 0.58、0.55、0.176，同时也有海洋的转入使得盐碱沼泽地的碳储量增加，贡献率为−0.26。此时间段，滩涂碳储量增加主要由于海洋的转入，贡献率为 2.17，同时水域、建设用地的占用导致了滩涂碳储量的降低，建设用地的占用较多。此时段研究区滨海湿地的碳储量变化是自然湿地与草地、水域、建设用地、海洋相互转化共同导致的，其中海洋的转入使得滨海湿地的碳储量增加，其余地类的占用导致滨海湿地碳储量降低。

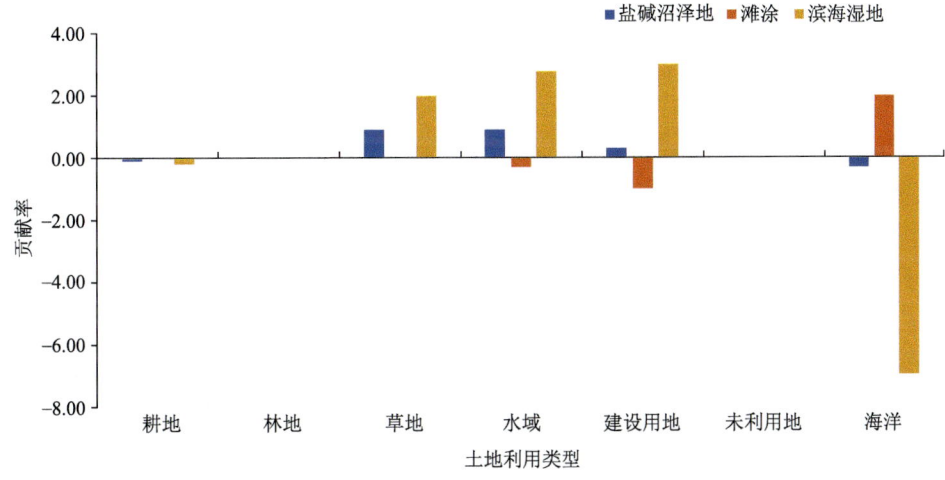

图 7-5 2005—2010 年土地利用变化对滨海湿地碳储量变化贡献率图

7.2.6　2010—2013年土地利用变化对滨海湿地碳储量的影响

2010—2013年研究区盐碱沼泽地、滩涂、滨海湿地的碳储量变化量分别为-0.213 Tg、0.157 Tg、-0.056 Tg。该时期不同地类变化对盐碱沼泽地、滩涂、滨海湿地碳储量的贡献率,见图7-6。由图7-6可知,水域和林地的占用主导了此时段研究区盐碱和沼泽地碳储量的变化,建设用地和耕地的占用也使得碳储量下降。海洋的转入使得滩涂面积增加,是碳储量增加的主要原因,贡献率为1.22,同时建设用地、水域、草地的占用使得滩涂碳储量变小。此时段研究区自然湿地的碳储量变化是自然湿地与林地、耕地、水域、建设用地、海洋相互转化共同导致的,其中海洋的转入使得滨海湿地的碳储量增加,其余地类的占用导致滨海湿地碳储量降低,对滨海湿地占用最多的是水域。

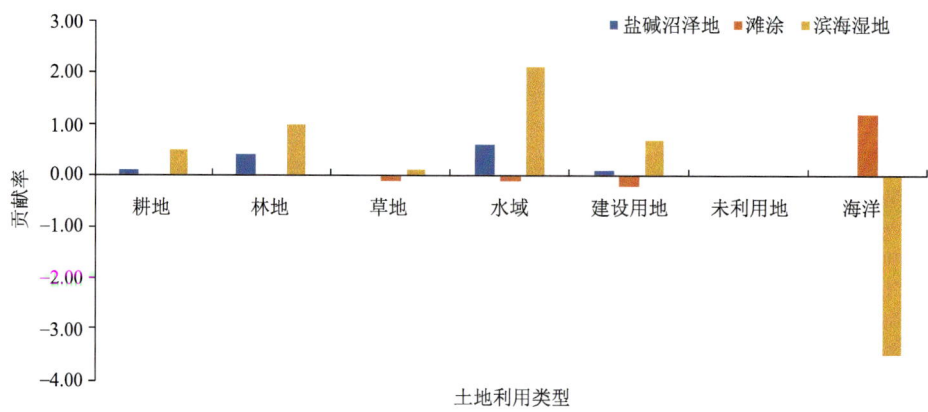

图7-6　2010—2013年土地利用变化对滨海湿地碳储量变化贡献率图

7.2.7　2013—2015年土地利用变化对滨海湿地碳储量的影响

2013—2015年研究区盐碱沼泽地、滩涂、滨海湿地的碳储量变化量分别为0.089 Tg、0.001 Tg、0.090 Tg。该时期不同地类变化对盐碱沼泽地、滩涂、滨海湿地碳储量的贡献率结果见图7-7。

该时期有6.6 km²的滩涂转化为盐碱沼泽地,因盐碱沼泽地单位面积的碳储量大于滩涂的,所以滩涂的转入使得盐碱沼泽地的碳储量增加,其贡献率为0.69。此时段也有水域和建设用地转入使得盐碱沼泽地的面积增加,进而使得其碳储量增加;有一小部分盐碱沼泽地被耕地占用,使得碳储量略有减小。本研究时段内,有建设用地和盐碱沼泽地占用使得滩涂碳储量降低,贡献率分别为-8.7、-6.6,也有水域和海洋的转入使得滩涂碳储量增加,其中海洋的转入是主导因素,其贡献率为11.8。对本研究时段自然湿地碳储量的增加贡献最大的是滨海湿地内部滩涂转化为盐碱沼泽地,贡献率为0.67,同时水域、海洋的转入也使得滨海湿地碳储量增加,有一小部分的耕地占用了滨海湿地,使得滨海湿地碳储量略有下降。

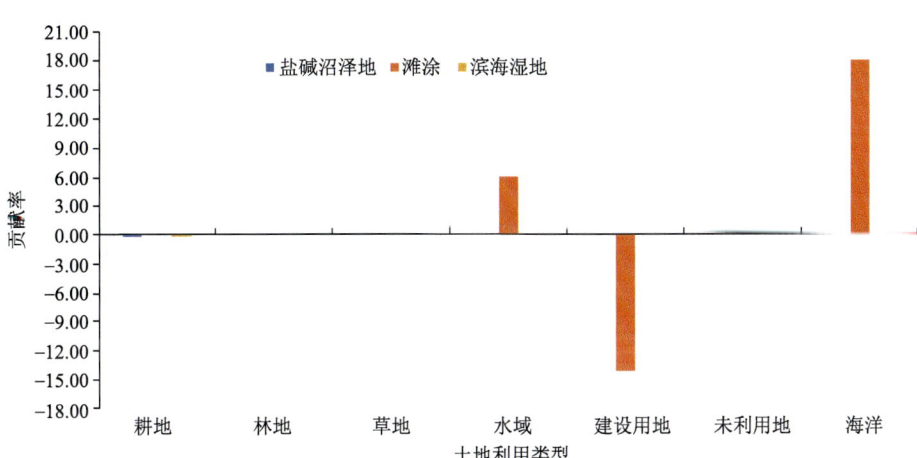

图 7-7　2013—2015 年土地利用变化对滨海湿地碳储量变化贡献率图

7.2.8　2015—2018 年土地利用变化对滨海湿地碳储量的影响

2015—2018 年研究区盐碱沼泽地、滩涂、滨海湿地的碳储量变化量分别为 －0.026 Tg、0.235 Tg、0.209 Tg。该时期不同地类变化对盐碱沼泽地、滩涂、滨海湿地碳储量的贡献率结果见图 7-8。由图 7-8 可知，水域的占用主导了此时段研究区盐碱和沼泽地碳储量的变化，贡献率为 0.90，建设用地的占用也使得碳储量下降。此时间段，滩涂碳储量增加主要由于海洋和水域的转入。此时段研究区滨海湿地的碳储量变化是由于海洋和水域的转入，使得滨海湿地面积增加，进而增加其碳储量，贡献率分别为 0.67、0.34，同时段也有小部分滨海湿地被建设用地占用，使得滨海湿地碳储量降低。

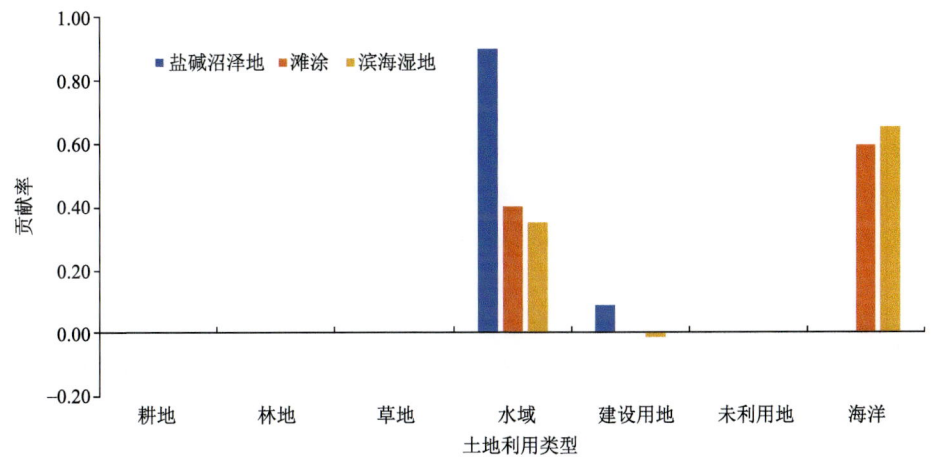

图 7-8　2015—2018 年土地利用变化对滨海湿地碳储量变化贡献率图

7.2.9 2018—2020年土地利用变化对滨海湿地碳储量的影响

2018—2020年研究区盐碱沼泽地、滩涂、滨海湿地的碳储量变化量分别为0.018 Tg、−0.26 Tg、−0.242 Tg。该时期不同地类变化对盐碱沼泽地、滩涂、滨海湿地碳储量的贡献率结果见图7-9。由图7-9可知,此时段研究区盐碱沼泽地碳储量的增加主要是由于耕地的转入,贡献率为4.06,同时也有水域、草地和建设用地占用了盐碱沼泽地,使其碳储量减少。此时段滩涂碳储量的减少主要由于水域和海洋的占用。此时段研究区滨海湿地碳储量的减少主要由于水域和海洋的占用。

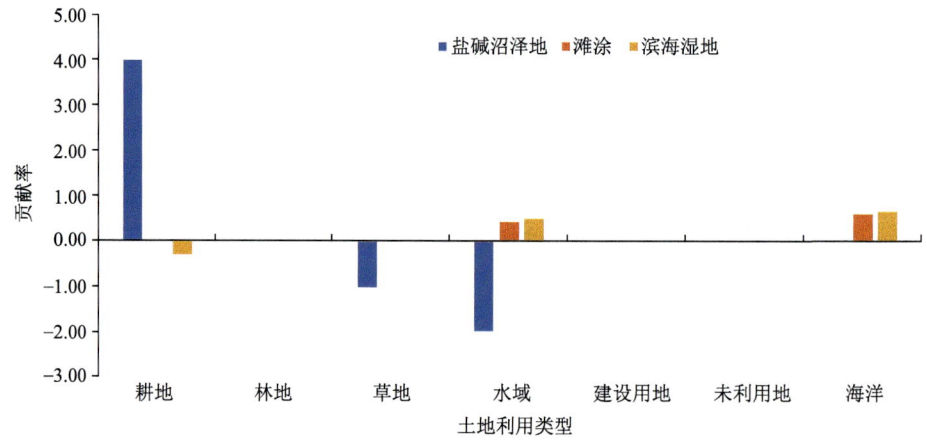

图7-9 2018—2020年土地利用变化对滨海湿地碳储量变化贡献率图

7.3 1980—2020年滨海湿地土地利用与碳储量的变化

综合分析可得,1980—2020年研究区滨海湿地碳储量的变化主要由海洋与水域的变化主导。除1990—1995、2013—2018年滨海湿地碳储量增加外,其余年份的碳储量均降低。滨海湿地碳储量变化较大的时段是1980—2000年。由图7-10可得1980—2020年研究区滨海湿地的碳储量变化贡献率海洋＞水域＞建设用地＞草地＞林地＞耕地。海洋、水域、建设用地的影响几乎涵盖各个研究时段,每个研究时段几乎由水域、海洋主导。2005—2013年各地类对滨海湿地碳储量贡献率变化较为明显,2005—2010年研究区湿地碳储量减少0.0142 Tg。建设用地、水域、草地的占用使得碳储量减少,海洋的转入使得碳储量增加,海洋的碳储量贡献率约为−6.84。2010—2013年研究区滨海湿地碳储量减少0.0563 Tg。水域、林地、建设用地、耕地、草地的占用使得碳储量减少,其中水域、林地以及建设用地的贡献率较大,同时海洋的转入使得碳储量增加,其贡献率约为−3.4。滨海湿地碳储量减少主要是由于盐沼地与滩涂转化为了水域,区域集中在昌黎县、乐亭县、海兴县、滨海新区以及黄骅市。

湿地碳储量增加的主要原因是水域和耕地转化为湿地,主要集中在滨海新区和宁河县。

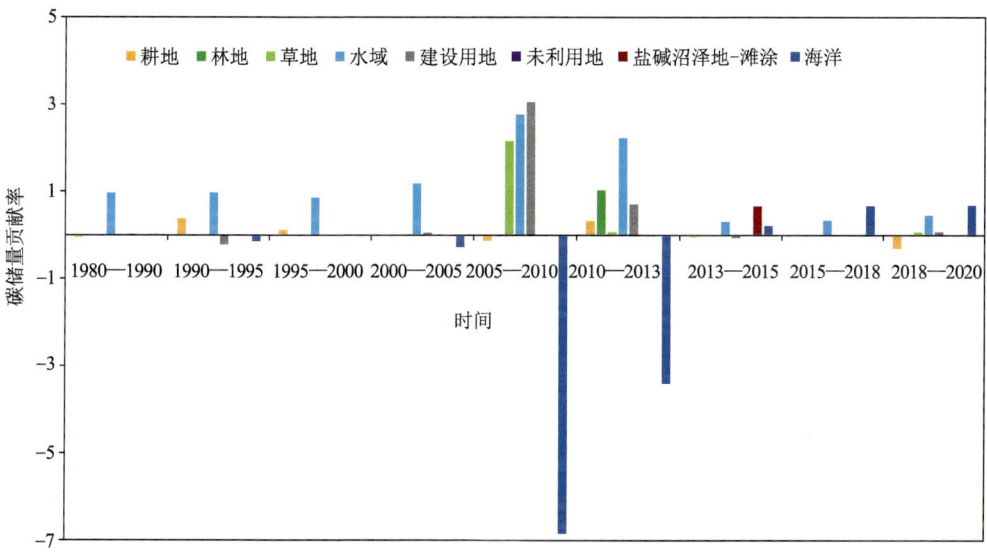

图 7-10　1980—2020 年不同地类对滨海湿地碳储量变化贡献率

7.4　小结

津冀滨海湿地在 1980—2020 期间,不同地类引起的变化对盐碱沼泽地的碳储量变化贡献率由大到小依次为:耕地＞水域＞滩涂＞草地＞林地＞海洋＞建设用地＞未利用地。耕地、水域、建设用地的影响几乎涵盖整个研究时段。天津滨海新区、宁河区的盐碱沼泽地的碳储量变化较频繁。海洋、水域、建设用地对滩涂碳储量变化的影响几乎涵盖各个研究时段,每个研究时段滩涂的碳储量变化几乎由水域、海洋与滩涂相互转化主导。滩涂碳储量的变化在唐山市和滨海新区较频繁。研究区滨海湿地碳储量在 1980—2020 年减少最多,主要由于水域的占用,区域集中在天津滨海新区、黄骅市、曹妃甸区、乐亭县、滦南县。

海洋作为全球重要的碳库,通过"固持"作用将温室气体固定在碳库中,海岸带生态系统固碳是当前国际社会公认的最经济可行和环境友好的减缓气候变化的重要途径之一。沿海地区土地利用/覆被变化是影响海岸带生态系统碳储存的重要因素。土地利用/覆被变化往往受社会、经济等多重因素的影响,合理开发利用土地能够有效提升海岸带生态系统固碳能力,对实现沿海城市碳达峰碳中和目标和经济社会可持续发展具有重要意义。

第 8 章

生境质量对碳储量的影响

第 8 章 生境质量对碳储量的影响

8.1 研究方法

首先将两个相邻年份的滨海湿地碳储量结果进行相交分析,得到碳储量降低,升高或不变的矢量图,同样将滨海湿地的生态环境质量分级数据进行相交分析,得到生态环境质量等级上升、下降或不变的矢量图,最后将相交分析后的碳储量变化图与生态环境质量变化图进行相交分析。根据他们的变化情况分为 5 类:①生态环境质量降低时碳储量也降低;②生态环境质量升高时碳储量也升高;③生态环境质量与碳储量均不变;④碳储量不变,生态环境质量上升;⑤碳储量不变,生态环境质量降低。将结果叠加行政区划,计算了津冀沿海区县,不同变化类别的面积。

8.2 生态环境质量对碳储量的影响

生态环境质量与碳储量是土地利用功能评价的两个重要指标,为探究其变化的相关性,在 ArcGIS 中将两类数据进行了空间分析。首先将两个相邻年份的碳储量结果进行相交分析,得到碳储量降低、升高或不变的矢量数据。同样将生境质量等级结果进行相交分析,得到生境质量等级上升、下降或不变的矢量数据。最后将相交分析后的碳储量数据与生态环境质量数据进行相交分析,得到碳储量与生态环境质量变化的矢量数据,见图 8-1。根据他们的变化情况分为 5 类区域:①碳储量与生态环境质量均未变化区域;②生态环境质量下降碳储量也下降区域;③生态环境质量上升碳储量也上升区域;④碳储量不变,生态环境质量上升区域;⑤碳储量不变,生态环境质量降低区域。将结果叠加行政区划,计算了津冀沿海地区,不同类别的面积来进行分析。

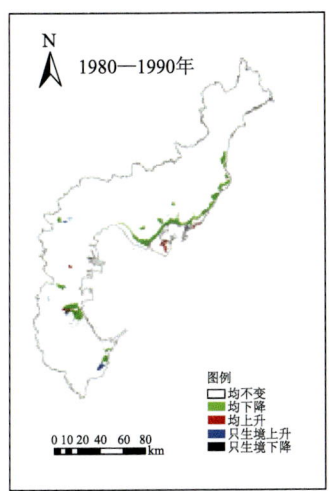
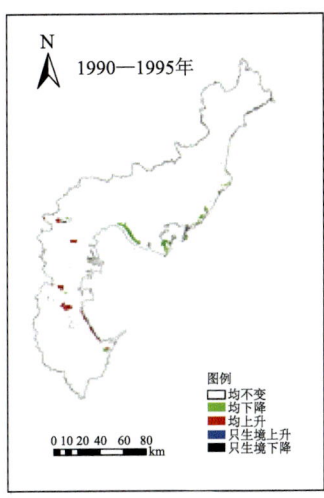
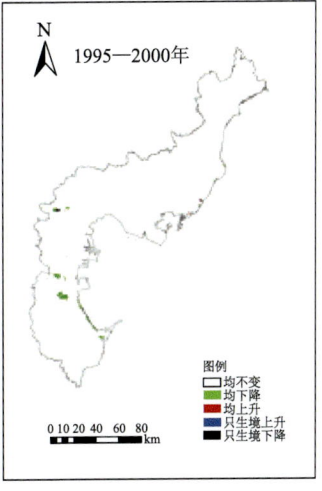

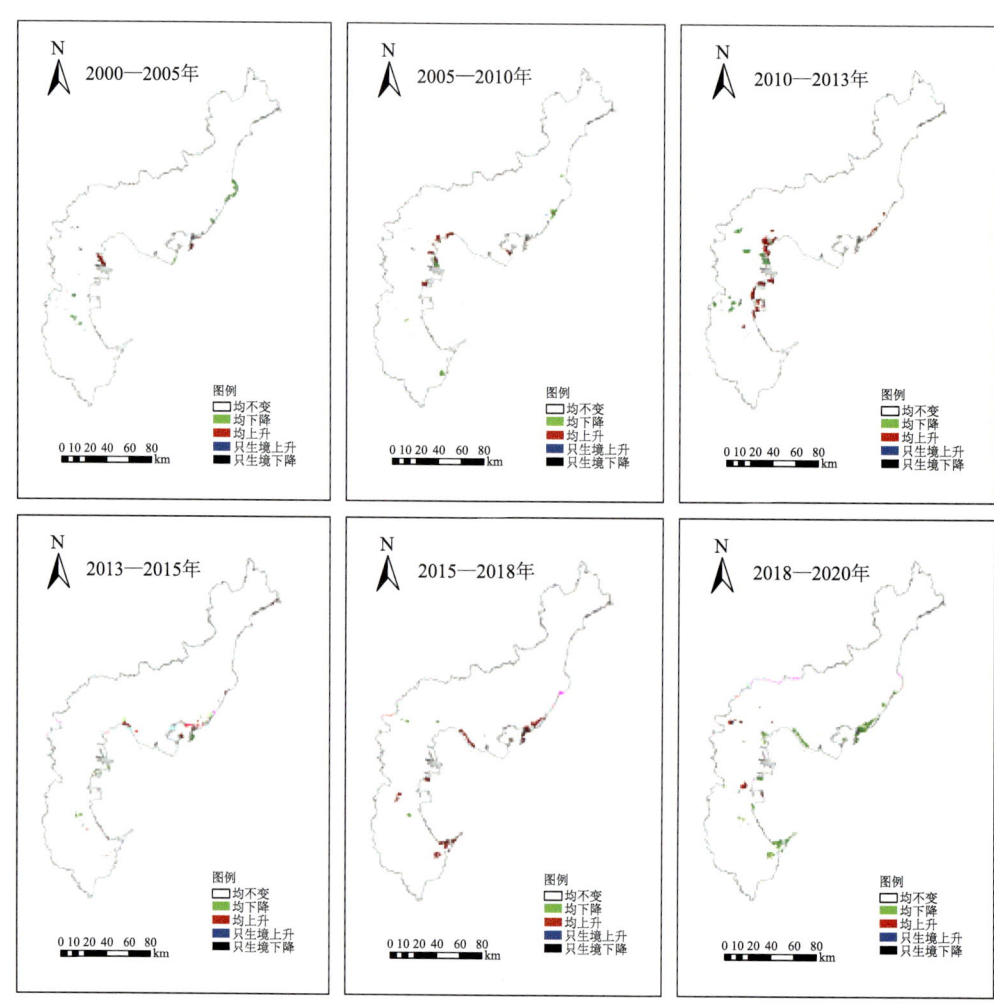

图 8-1　不同时段碳储量与生态环境质量不同变化类型分布图

8.2.1　1980—1990 年碳储量与生态环境质量变化情况

1980—1990 年碳储量与生境质量变化的区域有 555.4 km²，占津冀沿海县（区）面积的 3.4%，其中生态环境质量下降碳储量也下降，区域面积为 482.1 km²，生态环境质量上升碳储量也上升区域面积 44.1 km²，碳储量不变，生态环境质量上升区域面积 26.5 km²，碳储量不变，生态环境质量降低区域面积 2.7 km²，不同变化类型分布见图 8-1，并分县（区）对各类型面积进行了统计，见图 8-2。在发生变化的范围内，生态环境质量下降碳储量也下降区域以及生态环境质量上升碳储量也上升区域面积占比 84.7%。碳储量与生境质量均下降的区域集中在滨海新区、海兴县、黄骅市、昌黎县、曹妃甸区、乐亭县、滦南县，碳储量与生境质量均上升的区域集中在滨海新区、曹妃甸区、乐亭县。

第 8 章 生境质量对碳储量的影响

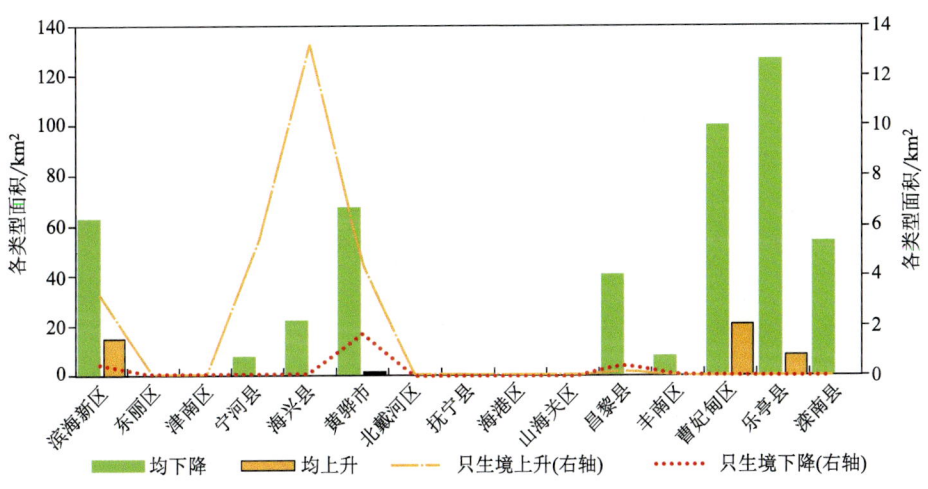

图 8-2　1980—1990 年各县（区）生境与碳储量不同变化类型面积统计图

8.2.2　1990—1995 年碳储量与生态环境质量变化情况

1990—1995 年碳储量与生境质量变化的区域有 208.8 km²，占津冀沿海县（区）面积的 1.2%，其中生态环境质量下降碳储量也下降区域面积为 111.0 km²，生态环境质量上升碳储量也上升区域面积 83.9 km²，碳储量不变，生态环境质量上升区域面积 0.4 km²，碳储量不变，生态环境质量降低区域面积 13.4 km²，不同变化类型分布见图 8-1，并分县（区）对各类型面积进行了统计，见图 8-3。在发生变化的范围内，生态环境质量下降碳储量也下降区域以及生态环境质量上升碳储量也上升区域面积占比 93.4%。碳储量与生境质量均下降的区域集中在丰南区、曹妃甸区、乐亭县、滦南县，碳储量与生境质量均上升的区域集中在滨海新区、宁河县、黄骅市。

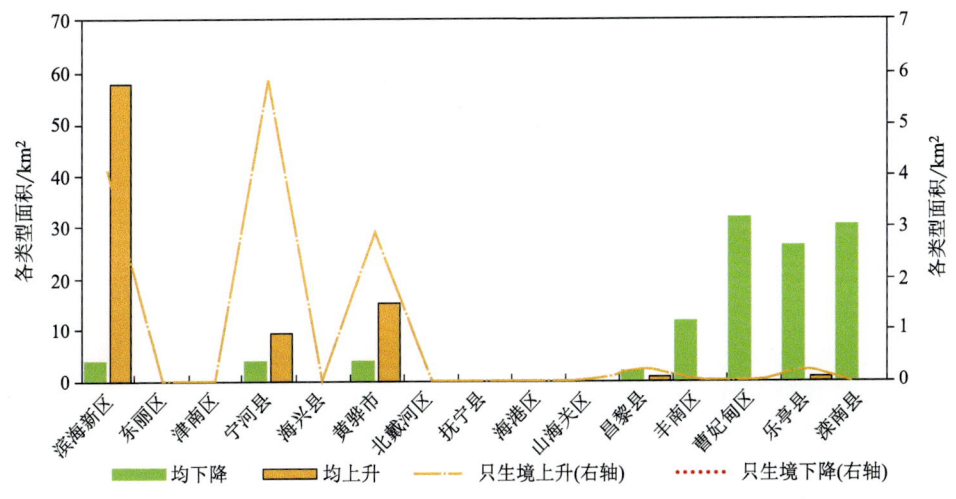

图 8-3　1990—1995 年各区（县）生境与碳储量不同变化类型面积统计图

8.2.3 1995—2000 年碳储量与生态环境质量变化情况

1995—2000 年碳储量与生境质量变化的区域有 104.9 km², 占津冀沿海县(区)面积的 0.6%, 其中生态环境质量下降碳储量也下降区域面积为 89.1 km², 生态环境质量上升碳储量也上升区域面积 4.1 km², 碳储量不变, 生态环境质量上升区域面积 0.3 km², 碳储量不变, 生态环境质量降低区域面积 11.4 km², 不同变化类型分布见图 8-1, 并分县(区)对各类型面积进行了统计, 见图 8-4。在发生变化的范围内, 生态环境质量下降碳储量也下降区域以及生态环境质量上升碳储量也上升区域面积占比 99.7%。碳储量与生境质量均下降的区域集中在滨海新区、宁河县、黄骅市, 碳储量与生境质量均上升的区域集中在乐亭县。

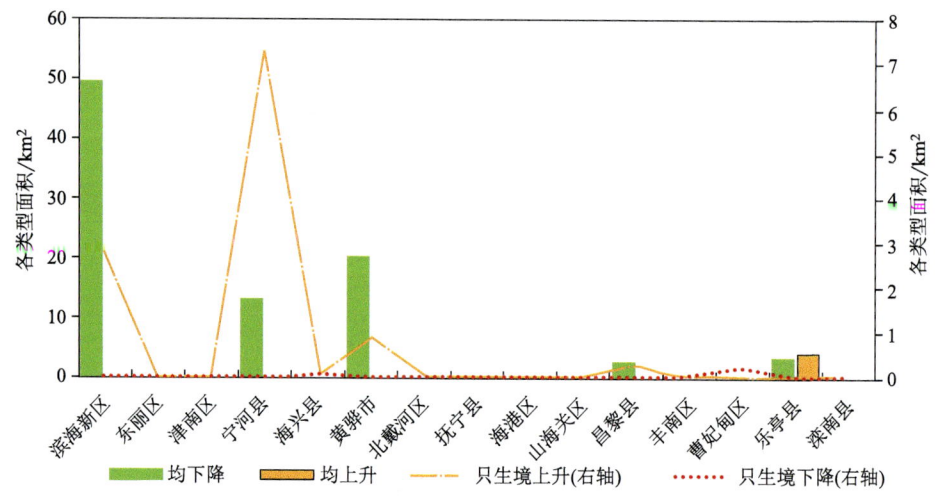

图 8-4 1995—2000 年各县(区)生境与碳储量不同变化类型面积统计图

8.2.4 2000—2005 年碳储量与生态环境质量变化情况

2000—2005 年碳储量与生境质量变化的区域有 110.9 km², 占津冀沿海县(区)面积的 0.7%, 其中生态环境质量下降碳储量也下降区域面积为 57.8 km², 生态环境质量上升碳储量也上升区域面积 35.8 km², 碳储量不变, 生态环境质量上升区域面积 4.1 km², 碳储量不变, 生态环境质量降低区域面积 13.2 km², 不同变化类型分布见图 8-1, 并分县(区)对各类型面积进行了统计, 见图 8-5。在发生变化的范围内, 生态环境质量下降碳储量也下降区域以及生态环境质量上升碳储量也上升区域面积占比 84.4%。碳储量与生境质量均下降的区域集中在滨海新区、黄骅市、昌黎县、曹妃甸区、乐亭县, 碳储量与生境质量均上升的区域集中在乐亭县、滨海新区。

第 8 章 生境质量对碳储量的影响

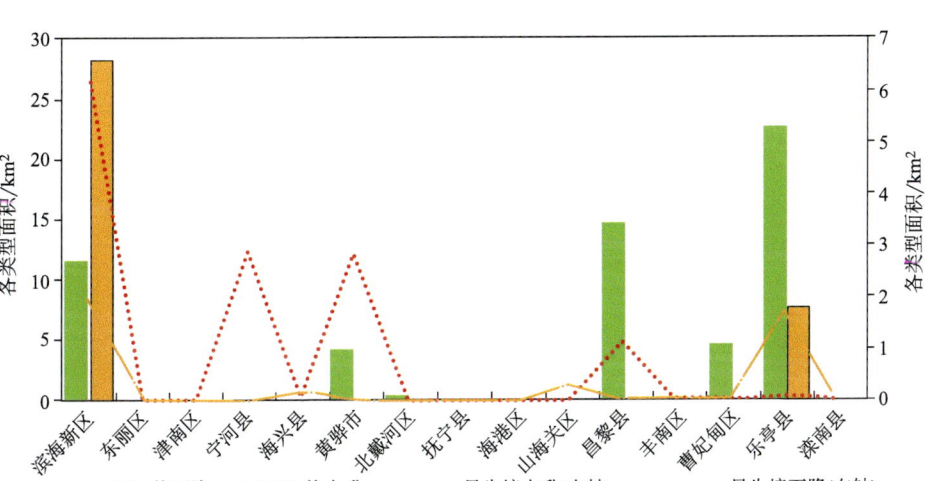

图 8-5 2000—2005 年各县(区)生境与碳储量不同变化类型面积统计图

8.2.5 2005—2010 年碳储量与生态环境质量变化情况

2005—2010 年碳储量与生境质量变化的区域有 123.1 km², 占津冀沿海县(区)面积的 0.7%, 其中生态环境质量下降碳储量也下降区域面积为 47.1 km², 生态环境质量上升碳储量也上升区域面积 64.0 km², 碳储量不变, 生态环境质量上升区域面积 1.8 km², 碳储量不变, 生态环境质量降低区域面积 10.2 km², 不同变化类型分布见图 8-1, 并分县区对各类型面积进行了统计, 见图 8-6。在发生变化的范围内, 生态环境质量下降碳储量也下降区域以及生态环境质量上升碳储量也上升区域面积占比 90.3%。碳储量与生境质量均下降的区域集中在滨海新区、海兴县、乐亭县, 碳储量

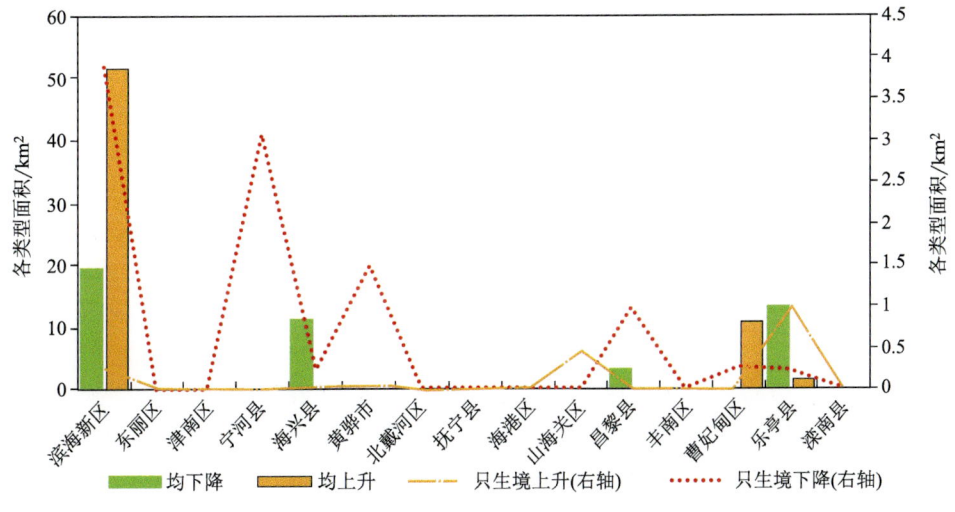

图 8-6 2005—2010 年各县(区)生境与碳储量不同变化类型面积统计图

与生境质量均上升的区域集中在滨海新区、曹妃甸区。

8.2.6　2010—2013 年碳储量与生态环境质量变化情况

2010—2013 年碳储量与生境质量变化的区域有 239.5 km², 占津冀沿海县(区)面积的 1.4%, 其中生态环境质量下降碳储量也下降区域面积为 78.1 km², 生态环境质量上升碳储量也上升区域面积 147.3 km², 碳储量不变, 生态环境质量上升区域面积 0.3 km², 碳储量不变, 生态环境质量降低区域面积 13.9 km², 不同变化类型分布见图 8-1, 并分县(区)对各类型面积进行了统计, 见图 8-7。在发生变化的范围内, 生态环境质量下降碳储量也下降区域以及生态环境质量上升碳储量也上升区域面积占比 94.1%。碳储量与生境质量均下降的区域集中在滨海新区, 碳储量与生境质量均上升的区域集中在滨海新区。

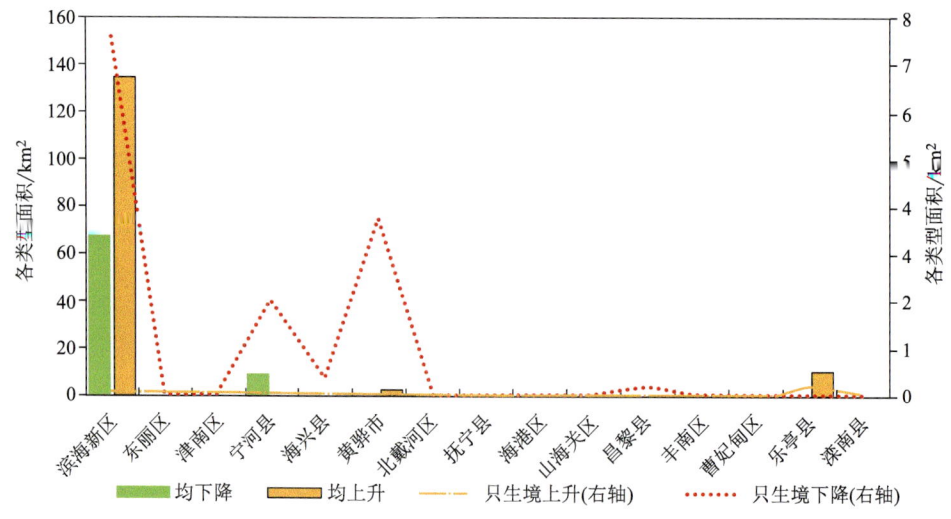

图 8-7　2010—2013 年各县(区)生境与碳储量不同变化类型面积统计图

8.2.7　2013—2015 年碳储量与生态环境质量变化情况

2013—2015 年碳储量与生境质量变化的区域有 70.4 km², 占津冀沿海县(区)面积的 0.4%, 其中生态环境质量下降碳储量也下降区域面积为 26.9 km², 生态环境质量上升碳储量也上升区域面积 37.1 km², 碳储量不变, 生态环境质量上升区域面积 0.4 km², 碳储量不变, 生态环境质量降低区域面积 6.1 km², 不同变化类型分布见图 8-1, 并分县(区)对各类型面积进行了统计, 见图 8-8。在发生变化的范围内, 生态环境质量下降碳储量也下降区域以及生态环境质量上升碳储量也上升区域面积占比 90.9%。碳储量与生境质量均下降的区域集中在滨海新区、黄骅市、乐亭县, 碳储量与生境质量均上升的区域集中在丰南区、曹妃甸区、乐亭县。

第 8 章 生境质量对碳储量的影响

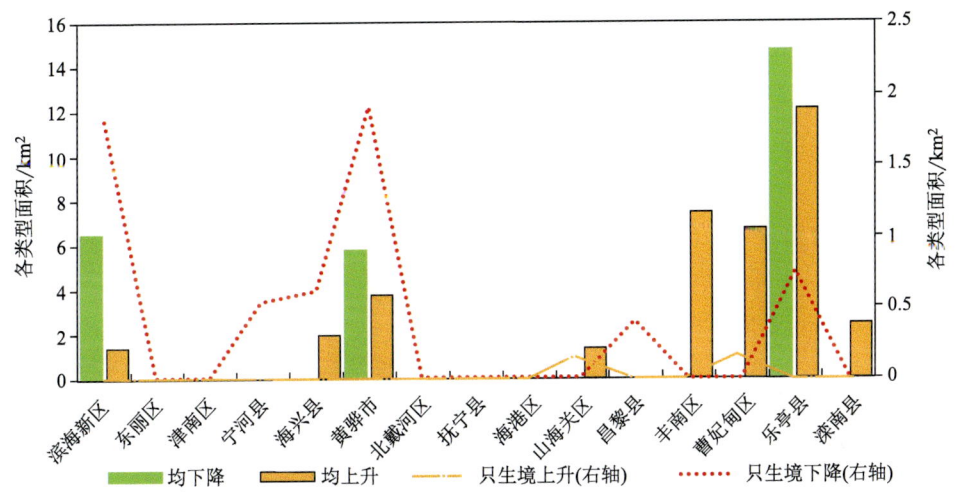

图 8-8 2013—2015 年各县(区)生境与碳储量不同变化类型面积统计图

8.2.8 2015—2018 年碳储量与生态环境质量变化情况

2015—2018 年碳储量与生境质量变化的区域有 167.4 km²,占津冀沿海县(区)面积的 1%,其中生态环境质量下降碳储量也下降区域面积为 14.8 km²,生态环境质量上升碳储量也上升区域面积 150.5 km²,碳储量不变,生态环境质量上升区域面积 0.4 km²,碳储量不变,生态环境质量降低区域面积 1.7 km²,不同变化类型分布见图 8-1,并分县(区)对各类型面积进行了统计,见图 8-9。在发生变化的范围内,生态环境质量下降碳储量也下降区域以及生态环境质量上升碳储量也上升区域面积占比 98.8%。碳储量与生境质量均下降的区域集中在滨海新区、黄骅市、宁河县,碳储量

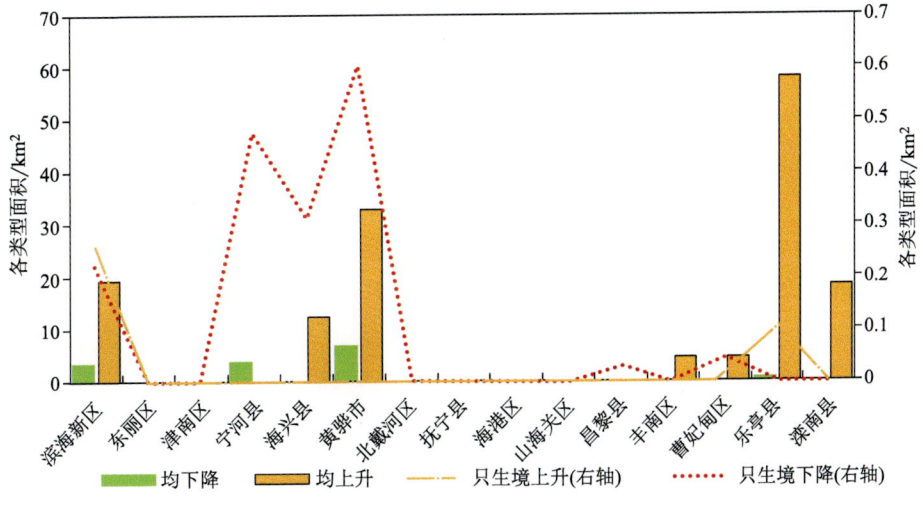

图 8-9 2015—2018 年各县(区)生境与碳储量不同变化类型面积统计图

· 101 ·

与生境质量均上升的区域集中在滨海新区、海兴县、黄骅市、乐亭县、滦南县。

8.2.9 2018—2020 年碳储量与生态环境质量变化情况

2015—2018 年碳储量与生境质量变化的区域有 234.1 km², 占津冀沿海县(区)面积的 1.4%, 其中生态环境质量下降碳储量也下降区域面积为 186.1 km², 生态环境质量上升碳储量也上升区域面积 35.4 km², 碳储量不变, 生态环境质量上升区域面积 5.7 km², 碳储量不变, 生态环境质量降低区域面积 6.9 km², 不同变化类型分布见图 8-1, 并分县(区)对各类型面积进行了统计, 见图 8-10。在发生变化的范围内, 生态环境质量下降碳储量也下降区域以及生态环境质量上升碳储量也上升区域面积占比 94.6%。碳储量与生境质量均下降的区域集中在滨海新区、海兴县、黄骅市、乐亭县、滦南县, 碳储量与生境质量均上升的区域集中在滨海新区、宁河县。

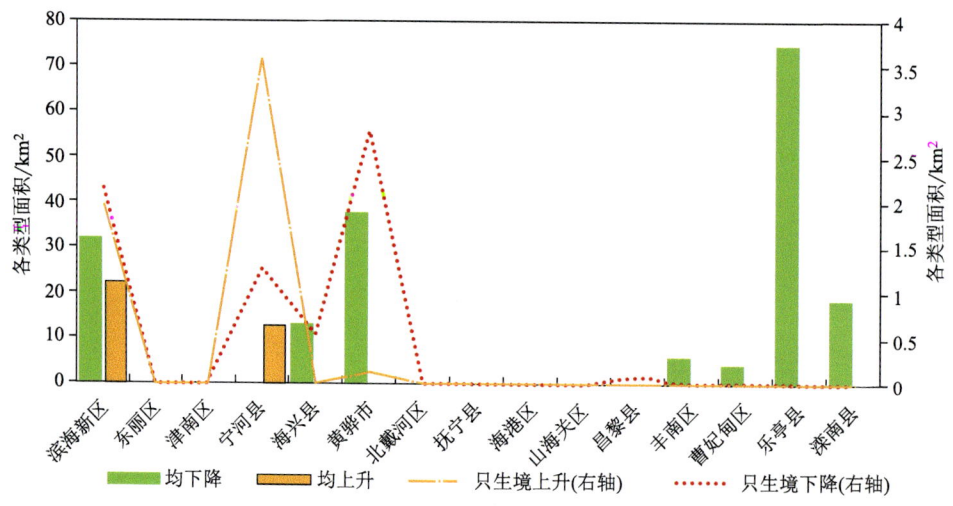

图 8-10　2018—2020 年各县(区)生境与碳储量不同变化类型面积统计图

8.3 小结

高质量的生态系统能够提供更好的生态系统服务功能。本书在 ArcGIS 中将碳储量与生境质量的变化情况进行空间叠加分析, 来研究 1980—2020 年近 40 年期间津冀滨海湿地生境质量时空变化对其碳汇服务功能的影响。结果表明, 1980—2020 年碳储量与生境质量均上升或下降的区域占整个研究时段发生变动的区域面积的 84.4% 以上, 碳储量变化与生境质量变化呈正相关。1980—2020 年研究区湿地碳储量与生境质量变化较明显的区域是滨海新区、黄骅市、曹妃甸区、乐亭县。

参考文献

常玉旸,高阳,谢臻,等,2021.京津冀地区生境质量与景观格局演变及关联性[J].中国环境科学,41(02):848-859.

陈克林,吕咏,王琳,等,2019.中国环绕黄海和渤海的湿地春季水鸟多样性及其分布[J].湿地科学,17(02):137-145.

陈雅慧,张树刚,张钊,2023.乐清湾盐沼湿地有机碳密度及碳储量估算[J].海洋环境科学,42(01):38-45.

陈银萍,牛亚毅,李伟,等,2019.科尔沁沙地自然恢复沙质草地生态系统碳通量特征[J].高原气象,38(03):650-659.

龚元,纪小芳,花雨婷,等,2020.基于涡动相关技术的森林生态系统二氧化碳通量研究进展[J].浙江农林大学学报,37(03):593-604.

赫晓慧,徐雅婷,范学峰,等,2022.中原城市群区域碳储量的时空变化和预测研究[J].中国环境科学,42(06):2965-2976.

河北植被编辑委员会,1996.河北植被[M].北京:科学出版社.

侯红艳,戴尔阜,张明庆,2018.InVEST模型应用研究进展[J].首都师范大学学报(自然科学版),39(04):62-67.

姜俊彦,黄星,李秀珍,等,2015.潮滩湿地土壤有机碳储量及其与土壤理化因子的关系——以崇明东滩为例[J].生态与农村环境学报,31(04):540-547.

焦念志,骆永明,周云轩,等,2015.蓝碳研究进展与中国蓝碳计划[C]//王伟光,郑国光.气候变化绿皮书:应对气候变化报告.北京:社会科学文献出版社:238-248.

康应东,2021.辽河流域沼泽湿地土壤有机碳储量估算[D].长春:吉林大学.

李瀚之,2018.北京山区侧柏生态系统CO_2通量的拆分与模拟研究[D].北京:北京林业大学.

李静泰,闫丹丹,么秀颖,等,2023.中国滨海湿地碳储量估算[J].土壤学报,60(03):800-814.

李婷,刘康,胡胜,等,2014.基于InVEST模型的秦岭山地土壤流失及土壤保持生态效益评价[J].长江流域资源与环境,23(09):1242-1250.

李微,王文硕,张新宇,等,2022.基于HY-1C CZI数据的辽河口湿地盐地碱蓬群落碳储量评估[J].大连海洋大学学报,37(04):574-583.

李晓琳,2015.草地生态系统碳通量特征及其影响因子研究[J].贵州气象,39(06):19-23.

李雪梅,2016.天津市滨海新区1979-2013年土地利用及土壤有机碳储量空间变化[J].水土保持通报,36(03):136-140.

李亚宁,王倩,郭佩芳,等,2015.近20 a来渤海岸线演替及其开发利用策略[J].海洋湖沼通报,(03):32-38.

李勇,2020.天津湿地植被图集[M].哈尔滨:东北林业大学出版社.

廖小娟,何东进,王韧,等,2013.闽东滨海湿地土壤有机碳含量分布格局[J].湿地科学,11(02):

192-197.

鲁雅兰,徐文斌,黄执美,等,2023.基于价值评估的环渤海地区生境质量时空演变与驱动力分析[J].西南林业大学学报(自然科学)(10):1-12[2023-10-27].http://kns.cnki.net/kcms/detail/53.1218.S.20230509.1029.004.html.

牛振国,张海英,王显威,等,2012.1978—2008年中国湿地类型变化[J].科学通报,57(16):1400-1411.

邱建慧,2017.围填海活动对中国滨海湿地碳储量的影响研究[D].厦门:厦门大学.

孙思思,吴战平,肖启涛,等,2020.云贵高原草地生态系统CO_2通量变化特征[J].草业学报,29(04):184-191.

田容才,文双雅,阳会兵,2019.基于涡度相关法的农田生态系统碳通量研究进展[J].激光生物学报,28(05):415-420.

仝川,罗敏,陈鹭真,等,2023.滨海蓝碳湿地碳汇速率测定方法与中国的研究现状和挑战[J].生态学报,43(17):6937-6950.

万志红,李荣平,周广胜,等,2016.锦州地区玉米农田生态系统水汽通量变化特征及其调控机制[J].气象与环境学报,32(06):155-159.

王倩,王云琦,马超,等,2019.缙云山针阔混交林碳通量变化特征及影响因子研究[J].长江流域资源与环境,28(03):565-576.

王绍强,周成虎,1999.中国陆地土壤有机碳库的估算[J].地理研究,18(04):349-356.

吴方涛,曹生奎,曹广超,等,2018.青海湖高寒藏嵩草湿草甸湿地生态系统CO_2通量变化特征[J].生态与农村环境学报,34(02):124-131.

吴健生,曹祺文,石淑芹,等,2015.基于土地利用变化的京津冀生境质量时空演变[J].应用生态学报,26(11):3457-3466.

徐亚彬,宋博,任妙春,等,2012.长白山森林生态系统二氧化碳通量与涡动相关研究[J].北京农业(27):100-101.

杨国强,2017.昌邑国家海洋生态特别保护区柽柳地上生物量与地上碳储量遥感估算研究[D].呼和浩特:内蒙古师范大学.

杨映,胡理乐,2022.北京市房山区自然保护地生境质量评估[J].西部林业科学,51(04):80-86.

姚云长,2017.基于InVEST模型的三江平原生境质量评价与动态分析[D].长春:中国科学院大学(中国科学院东北地理与农业生态研究所).

尹楠楠,汤军,杨元维,等,2023.1989-2021年粤港澳大湾区海岸线变迁及土地利用变化[J].海洋地质前沿,39(05):1-11.

于君宝,王永丽,董洪芳,等,2013.基于景观格局的现代黄河三角洲滨海湿地土壤有机碳储量估算[J].湿地科学,11(01):1-6.

于泉洲,张祖陆,袁怡,2010.山东省南四湖湿地植被碳储量初步研究[J].云南地理环境研究,22(05):88-93.

原一荃,2021.长江口典型潮沟系统有机碳累积与横向输移[D].上海:华东师范大学.

张广帅,蔡悦荫,吴婷婷,等,2023.生态恢复区盐地碱蓬群落碳、氮储量及其影响因素分析——以辽河三角洲大凌河口湿地为例[J].海洋环境科学,42(1):46-54.

张凯迪,2019.城市生态系统不同植物群落对二氧化碳通量的贡献研究[D].上海:上海师范大学.

张偲,王淼,2018.海上丝绸之路沿线国家蓝碳合作机制研究[J].经济地理,38(12):25-31.

张婷婷,石昊,芦晓峰,等,2020.辽河口湿地自然植被碳储量研究[J].人民黄河,42(10):92-95.

张徐,李云霞,吕春娟,等,2022.基于InVEST模型的生态系统服务功能应用研究进展[J].生态科学,41(01):237-242.

张绪良,张朝晖,徐宗军,等,2012.黄河三角洲滨海湿地植被的碳储量和固碳能力[J].安全与环境学报,12(06):145-149.

张雪,孔范龙,姜爱翔,2022.基于生态功能的滨海湿地土壤质量综合评价方法构建及实证分析[J].环境科学,43(05):2709-2718.

张振明,刘俊国,2011.生态系统服务价值研究进展[J].环境科学学报,31(09):1835-1842.

张征云,李莉,罗航,等,2023.2015—2020年天津湿地自然保护区的宏观生态状况变化[J].天津师范大学学报(自然科学版),43(04):48-56.

赵魁义,姜明,田昆,等,2019.中国湿地植被与植物图鉴[M].北京:科学出版社.

赵宁,2020.基于InVEST模型的渤海湾沿岸土地系统碳储量及生境质量评估[D].保定:河北农业大学.

赵晓冏,王建,苏军德,等,2020.基于InVEST模型和莫兰指数的甘肃省生境质量与退化度评估[J].农业工程学报,36(18):301-308.

曾豪,2017.土地利用格局及其空间自相关动态变化分析[D].成都:成都理工大学.

智烈慧,李心,马田田,等,2022.辽河三角洲土地利用变化轨迹、驱动过程及生态系统服务时空演变[J].环境科学学报,42(01):141-150.

周方文,马田田,李晓文,等,2015.黄河三角洲滨海湿地生态系统服务模拟及评估[J].湿地科学,13(06):17-24.

周金戈,覃国铭,张靖凡,等,2022.中国盐沼湿地蓝碳碳汇研究进展[J].热带亚热带植物学报,30(06):765-781.

周崴,2009.盐城海滨湿地土壤有机碳储量估算及其生态服务价值评估[D].南京:南京师范大学.

ALONGI D M,2018. Blue Carbon:Coastal Sequestration for Climate Change Mitigation[M]. Cham, Switzerland:Springer.

BRANNON E Q,MOSEMAN V S M,RELLA C W,et al,2016. Evaluation of laser-based spectrometers for greenhouse gas flux measurements in coastal marshes[J]. Limnology and Oceanography:Methods,14(7):466-476.

DARMAWAN S,SARI D K,TAKEUCHI W,et al,2019. Development of aboveground mangrove forests' biomass dataset for Southeast Asia based on ALOS-PALSAR 25-m mosaic[J]. Journal of Applied Remote Sensing,13(04):1.

DUARTE C M,LOSADA I J,HENDRIKS I E,et al,2013. The role of coastal plant communities for climate change mitigation and adaptation[J]. Nature Climate Change,3(11):961-968.

ERIK N,HEATHER S,PETER H,et al,2010. Projecting global land-use change and its effect on ecosystem service provision and biodiversity with simple models[J]. Plos One,5(12):e14327.

FISHER B,TURNER R K,BURGESS N D,et al,2011. Measuring, modeling and mapping ecosystem services in the Eastern Arc Mountains of Tanzania[J]. Progress in Physical Geography,35

(5):595-611.

GOLDSTEIN J H,CALDARONE G,DUARTE T K,et al,2012. Integrating ecosystem-service tradeoffs into land-use decisions[J]. Proceedings of the National Academy of Sciences of the United States of America,109(19):7565-7570.

HOPKINSON C S,CAI W,HU X,2012. Carbon sequestration in wetland dominated coastal systems—a global sink of rapidly diminishing magnitude[J]. Current Opinion in Environmental Sustainability,4(2):186-194.

KAREIVA P,TALLIS H,RICKETTS T H,et al,2011. Natural capital:Theo and practice of mapping ecosystem services[M]. Oxford:Oxford University Press.

KOVACS K,POLASKY S,NELSON E,et al,2013. Evaluating the Return in Ecosystem Services from Investment in Public Land Acquisitions[J]. PLOS ONE,8(6):e62202.

KROEGER K D,CROOKS S,MOSEMAN-VALTIERRA S,et al,2017. Restoring tides to reduce methane emissions in impounded wetlands:A new and potent Blue Carbon climate change intervention[J]. Scientific Reports,7(1):11914.

LAL R. 2004. Soil Carbon Sequestration Impacts on Global Climate Change and Food Security[J]. Science (New York,N. Y.),304:1623-1627.

LEH M D,MATLOCK M D,CUMMINGS E C,et al,2013. Quanti-fying and mapping multiple ecosystem services change in West Africa[J]. Agriculture, Ecosystems & Environment, 165: 6-18.

MCLEOD E,CHMURA G L,BOUILLON S,et al,2011. A blueprint for blue carbon:toward an improved understanding of the role of vegetated coastal habitats in sequestering CO_2[J]. Frontiers in ecology and the environment,9(10):552-560.

MURRAY N J,CLEMENS R S,PHINN S R,et al,2014. Tracking the rapid loss of tidal wetlands in the Yellow Sea[J]. Frontiers in Ecology and the Environment,12(5):267-272.

NELLEMANN C,CORCORAN E,DUARTE C M,et al,2009. Blue carbon-A rapid response assessment[M]. Arendal,Norway:Birkeland Trykkeri.

NELSONE J,DAILY G C,2010. Modelling ecosystem services in terrestrial systems[J]. Biology Reprots,2(53):53.

PENDLETON L,DONATO D C,MURRAY B C,et al,2012. Estimating global "blue carbon" emissions from conversion and degradation of vegetated coastal ecosystems [J]. PLoS One, 7 (9):e43542.

PENG J,LIU S,LU W,et al,2021. Continuous change mapping to understand wetland quantity and quality evolution and driving forces:A case study in the Liao River estuary from 1986 to 2018[J]. Remote Sensing,13(23):4900.

PHAM T D,YOSHINO K,LE N N,et al,2018. Estimating aboveground biomass of a mangrove plantation on the Northern coast of Vietnam using machine learning techniques with an integration of ALOS-2 PALSAR-2 and Sentinel-2A data[J]. International Journal of Remote Sensing,39 (21-22):7761-7788.

SALLUSTIO L,DE T A,STROLLO A,et al,2017. Assessing habitat quality in relation to the spatial distribution of protected areas in Italy[J]. Journal of Environmental Management, 201: 129-137.

WANG F, SANDERS C J, SANTOS I R, et al, 2021. Global blue carbon accumulation in tidal wetlands increases with climate change[J]. National Science Review, 8(9): nwaa296.

津冀滨海湿地
1980—2020年
碳储量演变特征及其
驱动因素分析

定价：60.00元